Charles Darwin zur Einführung

Julia Voss

Charles Darwin zur Einführung

JUNIUS

Wissenschaftlicher Beirat
Michael Hagner, Zürich
Dieter Thomä, St. Gallen
Cornelia Vismann, Frankfurt a.M.

Für Daniel

Junius Verlag GmbH
Stresemannstraße 375
22761 Hamburg
Im Internet: www.junius-verlag.de

© 2008 by Junius Verlag GmbH
Alle Rechte vorbehalten
Umschlaggestaltung: Florian Zietz
Titelbild: Darwin im Jahr 1840
Satz: Junius Verlag GmbH
Druck: Druckhaus Dresden
Printed in Germany 2008
ISBN 978-3-88506-654-5
(zur Einführung; 354)

Bibliografische Information der Deutschen Nationalbibliothek
Die Deutsche Nationalbibliothek verzeichnet diese Publikation in der
Deutschen Nationalbibliografie; detaillierte bibliografische Daten
sind im Internet über <http://dnb.d-nb.de> abrufbar.

Zur Einführung ...

... hat diese Taschenbuchreihe seit ihrer Gründung 1978 gedient. Zunächst als sozialistische Initiative gestartet, die philosophisches Wissen allgemein zugänglich machen und so den Marsch durch die Institutionen theoretisch ausrüsten sollte, wurden die Bände in den achtziger Jahren zu einem verlässlichen Leitfaden durch das Labyrinth der neuen Unübersichtlichkeit. Mit der Kombination von Wissensvermittlung und kritischer Analyse haben die Junius-Bände stilbildend gewirkt.

Von Zeit zu Zeit müssen im ausufernden Gebiet der Wissenschaften neue Wegweiser aufgestellt werden. Teile der Geisteswissenschaften haben sich als Kulturwissenschaften reformiert und neue Fächer und Schwerpunkte wie Medienwissenschaften, Wissenschaftsgeschichte oder Bildwissenschaften hervorgebracht; auch im Verhältnis zu den Naturwissenschaften sind die traditionellen Kernfächer der Geistes- und Sozialwissenschaften neuen Herausforderungen ausgesetzt. Diese Veränderungen sind nicht bloß Rochaden auf dem Schachbrett der akademischen Disziplinen. Sie tragen vielmehr grundlegenden Transformationen in der Genealogie, Anordnung und Geltung des Wissens Rechnung. Angesichts dieser Prozesse besteht die Aufgabe der Einführungsreihe darin, regelmäßig, kompetent und anschaulich Inventur zu halten.

Zur Einführung ist für Leute geschrieben, denen daran gelegen ist, sich über bekannte und manchmal weniger bekannte Autor(inn)en und Themen zu orientieren. Sie wollen klassische

Fragen in neuem Licht und neue Forschungsfelder in gültiger Form dargestellt sehen.

Zur Einführung ist von Leuten geschrieben, die nicht nur einen souveränen Überblick geben, sondern ihren eigenen Standpunkt markieren. Vermittlung heißt nicht Verwässerung, Repräsentativität nicht Vollständigkeit. Die Autorinnen und Autoren der Reihe haben eine eigene Perspektive auf ihren Gegenstand, und ihre Handschrift ist in den einzelnen Bänden deutlich erkennbar.

Zur Einführung ist in verstärktem Maß ein Ort für Themen, die unter dem weiten Mantel der Kulturwissenschaften Platz haben und exemplarisch zeigen, was das Denken heute jenseits der Naturwissenschaften zu leisten vermag.

Zur Einführung bleibt seinem ursprünglichen Konzept treu, indem es die Zirkulation von Ideen, Erkenntnissen und Wissen befördert.

Michael Hagner
Dieter Thomä
Cornelia Vismann

Inhalt

Einleitung 9

I. Darwinkult 15
   1. Karikaturen und Fotografien 17
   2. Briefe 25
   3. Revolutionär 32

II. Hinter den Kulissen: Darwin vor 1859 38
   Kurzbiografie 1809 bis 1859 38
   1. Historische Evolutionstheorien 41
   2. Die Sammlung der H.M.S. Beagle 58
   3. Die Museumslandschaft im 19. Jahrhundert 68
   4. Finken, Fossilien und Rankenfußkrebse 75
   5. Alfred Russel Wallace 82

III. Auf der Bühne: Darwin nach 1859 96
   Kurzbiografie 1859 bis 1882 96
   1. Variierende Tauben und Menschen 97
   2. Selektierte Pflanzen und Pfauen 111
   3. Übersetzung und Rezeption in Deutschland,
      Frankreich und Russland 124
   4. Orchideen, Kletterpflanzen und Regenwürmer 135
   5. Mensch und Affe 148

IV. Darwin und seine Kritiker 162
   1. War Darwin Atheist? 162
   2. War Darwin Rassist?......................... 175
   3. Ist Selektion ein Naturgesetz? 186

Anhang
   Anmerkungen................................... 201
   Abbildungsnachweis 208
   Siglenverzeichnis 209
   Weiterführende Literatur........................ 211
   Zeittafel 214
   Über die Autorin 217

Einleitung

Kaum ein Autor ruft so unterschiedliche Reaktionen hervor wie Charles Darwin. Seine Evolutionstheorie besagt, um es auf eine Kurzformel zu bringen, dass sich alle Organismen durch winzige, kleine Merkmale unterscheiden und dass diese, falls erblich, zur Grundlage des Artwandels werden können. Merkmale, die zum Vorteil eines Tiers oder einer Pflanze sind, vergrößern dessen Überlebenschancen oder Fortpflanzungserfolg, nachteilige verringern sie. Darwin hat außerdem die Hypothese aufgestellt, dass Mensch und Tier miteinander verwandt seien und einen gemeinsamen Vorfahren teilen. Eine lange Kette von Generationen, die uns in Form von Fossilien überliefert sind, verknüpft demnach durch Jahrmillionen vergangene Welten mit der unsrigen.

An diesem Punkt beginnen die Schwierigkeiten. Für die einen stehen Darwin und sein Name für ein wissenschaftlich aufgeklärtes Weltbild: Ein Darwinist wäre nach dieser Definition eine Person, die von der Richtigkeit der Evolutionstheorie überzeugt ist, Vorgänge in der Natur mit wissenschaftlichen Methoden erklären will und nicht mit Bibellektüre oder der Annahme, Gott greife fortwährend in die Geschichte des Lebendigen ein. Andere aber denken, sobald sie den Namen Darwin hören und insbesondere wenn vom Darwinismus die Rede ist, an eine Art Ideologie, die besagt, dass die Welt so eingerichtet sei, dass der Stärkere siegt und der Schwächere unterliegt. Ein Darwinist wäre nach dieser Definition eine Person, die zum Beispiel Kriege für natürliche Vorgänge hält und Sozialhilfe für Geldverschwendung – letztere Spielart nennt sich auch »Sozialdarwinismus«. Diese widersprüchlichen Definitionen lohnt es sich näher anzuschauen.

Kaum ein Werk hat, auch das sei vorausgeschickt, so weit ausgestrahlt wie das von Charles Darwin. Es hat Eingang in Philosophie und Geschichtstheorie gefunden, in Soziologie, Kunstgeschichte oder Ethnologie, und steht noch immer im Zentrum der Biologie. In den Lebenswissenschaften wurde die Evolutionstheorie in den hundertfünfzig Jahren seit dem Erscheinen der *Entstehung der Arten* in zahlreiche Richtungen weiterentwickelt, man denke etwa an Forschungsfelder wie Genetik oder Soziobiologie. Bis heute spaltet Darwin die Lager: Um Evolution wird sogar, zumindest in den Vereinigten Staaten, vor Gericht gestritten. Seit im amerikanischen Bundesstaat Tennessee 1925 der Naturkundelehrer John Scopes verklagt und schuldig gesprochen wurde, weil er die Evolutionstheorie im Unterricht gelehrt hatte, ziehen immer wieder fundamentalistische Christen vor Gericht, mit wechselndem Erfolg.[1]

Mit Blick auf die erhitzten Debatten, die das Buch provozierte und die weitreichenden Folgen, politische wie gesellschaftliche, ist Darwins *Entstehung der Arten* vergleichbar mit Karl Marx' *Das Kapital* oder Adam Smiths *Der Wohlstand der Nationen*. Als ein englischer Verlag vor einiger Zeit die Buchreihe »Books That Shook The World« auflegte, fand sich sein Buch sogar in einer Reihe mit der Bibel und dem Koran. Darwins Schriften, darüber kann kein Zweifel bestehen, sind mehr als nur wissenschaftliche Theorien. Sie sind die Grundlage von Weltanschauungen – der Plural ist hier mit Bedacht gewählt. Es war in der Geschichte keineswegs eindeutig, welche Weltanschauung aus der Evolutionstheorie abgeleitet werden sollte, nur dass eine abgeleitet werden kann, darüber herrschte und herrscht Einigkeit. Verwunderlich ist es nicht: In dem Moment, wo eine wissenschaftliche Theorie nicht nur das Strömungsverhalten von Quecksilber oder das Schub-Gewicht-Verhältnis von Flugkörpern beschreibt, sondern den Anspruch erhebt, für alles Lebendige vom Pantoffeltierchen bis zum Menschen zu gelten, steht sie unweigerlich mit einem Bein in der Moralphilosophie. Grundsätzliche Fragen wie die, was Moral sei oder ob es universelle Werte gebe, sind notwendigerweise Teil einer derart großräumigen Theorie. Sie muss sich damit beschäftigen, und insofern sie darauf Antworten gibt, birgt sie das Potenzial für eine Weltanschauung.

Hinter Begriffen und Schlagworten wie »Evolution«, »Darwinismus« oder »Überlebenskampf« versteckt sich also ein Knäuel von Annahmen darüber, was Evolution sei oder was Darwin geschrieben habe, und es wird uns häufig so gehen wie dem Betrachter eines Vexierbildes. Wir erblicken entweder das eine oder das andere: Evolutionstheorie als Wissenschaft oder als Ideologie. Wie bei einem optischen Trick springt die Wahrnehmung vor und zurück; wir können zwar von einer Sehweise zur anderen wechseln, beides auf einmal in den Blick zu nehmen scheint aber unmöglich.

Die vorliegende Einführung möchte jedoch eben dies tun. Evolutionstheorie hat eine Geschichte, und der Blick zurück kann uns dabei helfen zu verstehen, welche Verbindungen Darwins Werk mit Forschung, Politik und Kultur eingegangen ist und welche Bedeutung diese für seine Theorie haben. Wie Evolution und Weltanschauung miteinander verknüpft sind, ist ein durchlaufendes Thema dieses Buchs. Es ist zugleich eine Frage, mit der wir häufig konfrontiert sind: In den Medien melden sich vermehrt Wissenschaftler zu Wort, die für sich in Anspruch nehmen, mit der Evolutionstheorie erklären zu können, was wir als schön empfinden, woher Gewalt kommt, ob Gott existiert. Diese Art des Argumentierens ist historisch relativ neu, sie kam mit der Evolutionstheorie auf, auch wenn die Antworten meistens nicht von Darwin stammen. Um solche Deutungsansprüche einschätzen zu können, ist es notwendig, die Evolutionstheorie zu kennen. Sie gehört deshalb zu unserer Allgemeinbildung. Das vorliegende Buch führt in das notwendige Grundwissen ein und will darüber hinaus zu einem souveränen Umgang mit ihr ermutigen.

Eine zweite Eigenart, die neben der weltanschaulichen Bedeutung der Evolutionstheorie auffällt, ist deren enge Kopplung mit Darwins Person. Er ist nach wie vor untrennbar mit ihr verbunden, bereits im 19. Jahrhundert führten Bücher, die Anhänger der Evolutionstheorie verfasst hatten, seinen Namen im Titel. Der amerikanische Botaniker Asa Gray veröffentlichte 1876 *Darwiniana. Essays and Reviews Pertaining to Darwinism*, im Jahr 1889 folgte der Engländer Alfred Russel Wallace mit dem auch ins Deutsche übertragenen Essayband *Der Darwinismus. Eine Darlegung der Lehre von der natürlichen Zuchtwahl und einiger ihrer Anwendungen*. Bis heute wird Darwin in biologischen Fachzeitschriften zitiert, was für eine hundertfünfzig Jahre alte Theorie in den Naturwissenschaften ungewöhnlich ist. Zugleich gehen die Meinungen darüber, worin sein Vermächtnis besteht, weit auseinander – auch innerhalb der Wissenschaft. Der Identifikation mit dem Begründer der Evolutionstheorie scheint dies keinen Abbruch zu tun: Darwins Anhänger vertreten häufig widersprüchliche Positionen, eine Unschärfe, die auch in der Vielschichtigkeit von Darwins Werk begründet liegt.

Um es vorweg zu sagen: Darwins Werk ist nicht unschuldig. Der Autor überarbeitete seine Schriften häufig mehrfach, allein die *Entstehung der Arten* durchlief seit 1859, dem Erscheinungsjahr, sechs Auflagen. Die *Abstammung des Menschen* ging von 1871 an durch drei autorisierte Fassungen. In jede dieser Auflagen arbeitete Darwin Kritik ein, nahm neue Forschung auf oder strich strittige Passagen. Wie einschneidend diese Änderungen sein können, soll ein kurzes Beispiel zeigen: Auf der letzten Seite der ersten englischen Auflage der *Entstehung der Arten* schreibt Darwin 1859, dass der Keim des Lebens »wenigen, vielleicht auch nur einer einzigen Urform eingehaucht worden sei« (OS[1], 490).[2] In der zweiten Auflage erweiterte er dieselbe Stelle um ein folgenreiches Wort, indem er nun sagt, »dass der Schöpfer den Keim alles Lebens, das uns umgibt, nur wenigen oder nur einer einzigen Form eingehaucht hat« (OS[2], 490; EA[1], 494). Zwischen beiden Aussagen liegen Welten. Die passivische Form der ersten Fassung von 1859 lässt offen, wie aus unbelebter Materie belebte wurde, die zweite Fassung legt den Anfang in die Hände eines Schöpfergottes.

Es kann also nicht verwundern, dass sich die Auslegungen von Darwins Werk nur selten deckten. Die sogenannte »Darwin Industry« produziert jedes Jahr neue Bücher – über die Grenzen von Geistes- und Naturwissenschaften hinweg –, in denen sich die Ansichten zu Darwin und zur Evolutionstheorie wie in einem Spiegelkabinett unüberschaubar vervielfachen. Diese Einführung wird nicht das Original dazu liefern können. Aber sie wird die Mehrdeutigkeiten oder Brüche in Darwins Werk benennen und anhand der historischen Entwicklung, der Weise, wie der Autor sein Werk zeitlebens um- und weiterarbeitete, nachvollziehen. Um zu verstehen, auf welche Fragen des 19. Jahrhunderts die Evolutionstheorie Antworten gegeben hat, werden Darwins Schriften an zeitgenössische Debatten zurückgebunden.

Ein paar Worte zur Gliederung dieser Einführung: Das erste Kapitel handelt von der Person Darwin, seinem sozialen und wissenschaftlichen Umfeld, der Art, wie er arbeitete und forschte. Das anschließende zweite Kapitel befasst sich mit Darwins Schaffen bis 1859, dem Jahr, in dem die *Entstehung der Arten* erscheint und die Debatten losbrechen. In den zwei Jahrzehnten davor hatte Darwin bereits vierzehn Bücher veröffentlicht, darunter den berühmten Reisebericht *Die Fahrt der Beagle*. In diesen Werken wird die Evolution mit keinem Wort erwähnt, rückblickend stehen sie jedoch in einem eindeutigen Zusammenhang. Anspielungen auf die Evolutionstheorie schmuggelt Darwin wie Kassiber in seine Texte. Bis zu seinem fünfzigsten Lebensjahr führt der englische Forscher eine Art Doppelleben: Offiziell schreibt er über die Erlebnisse seiner Reise, die Fauna und Flora der Beagle-Sammlung, Korallenriffe und Rankenfußkrebse; inoffiziell jedoch arbeitet Darwin an seiner Theorie der Evolution, einem allumfassenden Systemwerk, in dem jede Beobachtung ihren Platz findet – jener Theorie also, die später eine Wissenschaftsrevolution auslöste und weit über die Fächergrenzen ausstrahlte.

Das dritte Kapitel beschäftigt sich mit dieser Zeit nach 1859 und den nächsten gut zwanzig Jahren, die Darwin bis zu seinem Tod 1882 bleiben. Er veröffentlicht, die Neuauflagen mit eingerechnet, weitere achtzehn Bücher, jedes handelt nun von Evolution. Wie ein Kaleidoskop spielen diese Bücher alle Facetten seiner Theorie im Pflanzen- und Tierreich durch, den Menschen eingeschlossen. Statt Buch für Buch nacheinander vorzustellen, werden in diesem Kapitel die großen thematischen Stränge verfolgt, die alle Werke durchziehen: Variation, Selektion, Tierverwandtschaft.

Das dritte und letzte Kapitel schließt mit drei systematischen Fragen und führt zurück zur anfangs gestellten Frage, wo sich Evolutionstheorie und Ethik berühren. Über viele Details der Evolution müssen Fachwissenschaftler streiten; die Frage jedoch, die viele darüber hinaus beschäftigt – Fachwissenschaftler, Historiker, Philosophen und Laien – ist, was Darwins Evolutionstheorie für unser Handeln, Leben oder die Art, wie wir denken, bedeuten könnte. Die folgenden Seiten sollen die Möglichkeit geben, sich selbst ein Bild davon zu machen.

I. Darwinkult

Neben dem Physiker Albert Einstein zählt Darwin zu den am häufigsten abgebildeten Wissenschaftlern in der Geschichte, Theorie und Person sind untrennbar miteinander verknüpft. *Darwiniana* oder *Darwinismus* hießen bereits 1876 und 1889 die ersten Aufsatzsammlungen, in denen die Naturforscher und treuen Darwinanhänger Asa Gray und Alfred Russel Wallace die Evolutionstheorie behandelten. Darwins Porträt, fotografiert oder gemalt, stieg zur Ikone der Evolutionstheorie auf, die über Zeitschriften, Bücher, Karikaturen und Fotografien tausendfach vervielfältigt wurde und im Jahr 2000 auf die englische Zehnpfundnote gelangte – der Schriftsteller Charles Dickens, ein Zeitgenosse Darwins, musste dafür weichen. Heute hat Darwins Porträt durch das Internet den wohl höchsten Verbreitungsgrad erreicht.[3] Die Doppelung, gleichzeitig zur Ikone und zum Namensgeber einer Theorie zu werden, ist in der Wissenschaftsgeschichte eine Ausnahme. Der Physiker Wilhelm Conrad Röntgen mochte etwa den von ihm entdeckten Röntgenstrahlen seinen Namen geben, Albert Einsteins Bild ging um die Welt. Beides zusammen gelang nur Darwin: Sein Name, sein Bild, seine Theorie sind unauflösbar miteinander verbunden.

Zufall ist dies nicht. Darwins Veröffentlichungen fielen mit einer Reihe von gesellschaftlichen Umwälzungen zusammen, die direkt am Erfolg seiner Theorie beteiligt waren. Die erste und bedeutendste war die Herausbildung einer Medienöffentlichkeit im 19. Jahrhundert: Erfindungen wie etwa das kostengünstige

Holzstichverfahren oder die Stanhope-Druckerpresse hatten den publizistischen Markt revolutioniert und führten zu einer schnell wachsenden Zahl von Tageszeitungen, Wochenmagazinen oder Monatsschriften, zur Gründung von Verlagshäusern, Leseklubs, Leihbibliotheken und zur Einführung der sogenannten Volksausgaben, preiswerte Bücher, die auch für Schichten mit niedrigem Einkommen erschwinglich waren. Zu Galileo Galileis Zeiten bestand das Publikum noch aus einer kleinen lesekundigen Elite. Bücher waren teuer, und der Zugang zu den wenigen Bibliotheken war beschränkt, intellektuelle oder wissenschaftliche Debatten wurden in kleinen Kreisen geführt. Als Darwin seine Evolutionstheorie veröffentlichte, flutete dagegen ein Meer von Kommentaren, Gegenschriften oder Fürsprachen in die englischen Wohnzimmer. Man diskutierte privat oder öffentlich, in den exklusiven Klubs ebenso wie in den Volksbildungseinrichtungen. Fast jeder bildete sich nun eine Meinung zur Evolutionstheorie, die Debatte wurde zum Gesellschaftsspiel. Diese Einrichtungen machten Darwin schon zu Lebzeiten zum Star. Er wurde so bekannt, dass Schaulustige zu seinem Wohnsitz in Downe reisten, in der Hoffnung, den berühmten Forscher beim Spaziergang durch den Garten beobachten zu können.

Neben den publizistischen Neuerungen vollzog sich noch eine andere Umwälzung in enger Verbindung mit der Evolutionstheorie: England stieg zur weltweit größten Kolonialmacht auf. Darwin zog ganz praktischen Nutzen daraus, ihm stand ein riesiges Netz von Beamten, Händlern, Plantagenbesitzern und Gärtnern in aller Welt zur Verfügung, die ihm Auskunft über zahlreiche Tiere und Pflanzen gaben. Mit der Postreform in der Mitte des 19. Jahrhunderts wurde das Briefeschreiben zudem deutlich günstiger, so dass Darwin mit einer Vielzahl von Zeitgenossen persönlich in Verbindung trat, die er nie hätte treffen können. Darwin, einer der begabtesten und leidenschaftlichsten Briefeschreiber seiner Zeit, baute auf diese Weise eine Art Agentensystem auf. Über den Globus verstreut hatte er Kontaktpersonen, die ihn sowohl mit naturhistorischer Information belieferten als auch die Evolutionstheorie unterstützten und sich publizistisch für sie einsetzten. Schließlich sei noch erwähnt, dass das 19. Jahrhundert eine Zeit des politischen Umbruchs war. Nationalstaaten und Parlamente wurden gebildet, die Sklaverei wurde abgeschafft, der Kapitalismus gedieh, das Bürgertum löste den Adel als Führungsklasse ab. Eine Denkfigur, die seit Jean-Jacques Rousseau vom späten 18. Jahrhundert an die politischen Ereignisse begleitete, war die Vorstellung, es gebe natürliche oder unnatürliche Weisen, Gesellschaften einzurichten, wobei die natürlichen vorzuziehen seien. Die Evolutionstheorie wurde – und ist es bis heute – ein Fixpunkt solcher Auseinandersetzungen.

Von diesen Entwicklungen in Medien, Politik oder Postwesen wurde die Evolutionstheorie wie von einer Lawine mitgerissen, zusammen mit einigem Geröll, das als Endmoräne bis in unsere Gegenwart reicht. Die folgenden Seiten sollen die gröbsten Brocken daraus entfernen. Anders gesagt: Viele Vorstellungen, die wir von der Evolutionstheorie haben, stammen aus dem 19. Jahrhundert. Der Blick in die Geschichte kann uns helfen, ein klareres Bild von ihr zu entwickeln und einige populäre Irrtümer zu vermeiden.

1. Karikaturen und Fotografien

Trotz der spröden Detailversessenheit, die seine Schriften über weite Strecken kennzeichnet, besaß Darwin englischen Humor und dazu vielleicht sogar ein Gespür für medienwirksame Inszenierungen. Viele Briefe sprechen dafür, auf sie wird noch zurückzukommen sein. Der deutlichste Beleg, sowohl für Darwins Humor als auch für sein Talent zur Öffentlichkeitsarbeit, ist jedoch seine Beziehung zur Karikatur. Im Archiv der Cambridge University Library liegt bis heute die Mappe, in der er Karikaturen von sich und der Evolutionstheorie sammelte, sorgsam ausgeschnitten aus Zeitungen oder Satireblättern.[4] Die Karikaturensammlung gehört zu den aufschlussreichsten Entdeckungen in der Darwin-Forschung der letzten Jahre, die damit um ein Element bereichert worden ist, das viel zu selten mit der Geschichte der Evolutionstheorie in Verbindung gebracht worden ist: Witz und Ironie. Das entspricht zunächst nicht der landläufigen Vorstellung davon, wie sich die Aufnahme der Evolutionstheorie im viktorianischen England abspielte. Mit Blick auf die Rezeption haben Historiker häufig ein Szenario wie in Platos Höhlengleichnis entworfen, worin Darwin dem Entdecker des Lichts entspricht und die Gesellschaft den ängstlichen, gefesselten Höhlenbewohnern, die sich dagegen wehren, etwas anderes als Schatten – sprich: die Unwahrheit – zu sehen. Die Karikaturen räumen mit dieser einseitigen Darstellung auf. Die Evolutionstheorie wurde offensichtlich nicht nur als schockierend, beleidigend oder bedrohlich empfunden. Weite Teile der Öffentlichkeit machten sich einen Spaß daraus, immer absurdere Konsequenzen der Theorie auszumalen, man lachte und scherzte darüber, Darwin eingeschlossen. Es ist ein verbreiteter und vielleicht auch bequemer Irrtum, sich vorzustellen, die Debatte um die Evolutionstheorie sei von Angst und einem kleinlichen Nichtwahrhabenwollen geprägt gewesen. Argumentativ ist es unbefriedigend, Darwins Kritiker zu bezichtigen, sie hätten ihm aus Angst vor der Wahrheit widersprochen. Die historischen Karikaturen bieten eine gute Möglichkeit, solchen Vereinfachungen entgegenzuwirken.

Abb. 1: Karikatur in der englischen Satirezeitschrift *Punch* aus dem Jahr 1882

Werfen wir also auf eine dieser Karikaturen einen genaueren Blick (Abb. 1). Die Abbildung erschien 1882 in *Punch*, der größten englischen Satirezeitschrift, gezeichnet vom Chefkarikaturisten des Blattes, Linley Sambourne. Der Titel »Man is but a worm« bezog sich auf eine Veröffentlichung Darwins, die den länglichen Titel *Die Bildung der Ackererde durch die Tätigkeit der Würmer mit Beobachtung über deren Lebensweise* trug und die im Oktober des vorangegangenen Jahres erschienen war. Einer Spirale ins Bildzentrum folgend zieht eine wilde Evolutionspolonaise, die ihren Ursprung in einem regenwurmartigen Urorganismus nimmt und über affenähnliche Zwischenstationen schließlich bei einem zylindertragenden Gentleman ankommt. Solche Verwandlungsreihen sind auch heute populär, zuletzt schaffte es dieser Bildtyp in die amerikanische Zeichentrickserie *The Simpsons*. Dort zeigt ein Vorspann der Serie im Zeitraffer Homer Simpsons Evolution aus der Ursuppe bis nach Springfield. Der Bildwitz funktioniert hier, hundertfünfzig Jahre später, immer noch gleich. Und es ist nahe liegend, dass solche Karikaturen nicht nur in der Gegenwart, sondern auch in der Geschichte zur Popularität der Evolutionstheorie beigetragen haben. Sie wurde auf diese Weise ein Teil der Unterhaltungskultur.

Wie durch ein Vergrößerungsglas zeigen Karikaturen Phänomene, die uns vielleicht sonst weniger deutlich erscheinen. Bemerkenswert an der historischen Karikatur ist vor allem die Art und Weise, wie der Autor der Evolutionstheorie dargestellt wird: Halb Adam, halb Gottvater, sitzt Darwin im Bild wie die Figuren auf Michelangelos berühmtem Deckengemälde in der Sixtinischen Kapelle aus dem 16. Jahrhundert. In zahlreichen Briefen hatten Korrespondenten Darwin bereits darauf hingewiesen, dass er mit seinem langen weißen Bart auf Fotografien Moses, einem Propheten oder Geistlichen ähnele.[5] Die latente Ikonografie machte die Karikatur nun manifest: Darwin wanderte in die Mitte des Schöpfungsmythos, den seine Evolutionstheorie zu Fall bringen sollte. Mit diesem Paradox spielt die Karikatur. Der berühmte, mit Ehrungen überhäufte Begründer der Theorie, die anstelle des Schöpfungsglaubens treten sollte, wurde 1882 selbst wie ein Gott verehrt; die Leerstelle der gottlosen Theorie nahm der gottgleiche Forscher ein.

Naturgemäß zeichnete die Karikatur damit ein überspitztes Bild. Was uns jedoch immer wieder beschäftigen wird, ist die Tendenz der Evolutionstheorie, in ihren Deutungen religionsgleiche Züge anzunehmen. Dass Darwin der Öffentlichkeit fast ausschließlich im höheren Alter vorgestellt wurde und wird, weist in diese Richtung. In der Geschichte lassen sich zahllose Beispiele dafür finden, von Zeitschriftenbeiträgen, Buchillustrationen, Karikaturen oder Werbungen, die den Autor der Evolutionstheorie zu einer Art Medienstar *avant la lettre* machten. Fast jeder weiß, dass Darwin als junger Mann die Welt umsegelte, auf Bildern sehen wir ihn jedoch fast immer als Greis. Die Bilder zeigen uns auch nicht, wie er in den Jahren nach 1859 aussah, als sein berühmtestes Buch, *Die Entstehung der Arten*, erschien. Gerade fünfzigjährig trug er lange Koteletten, die Haare waren ihm größtenteils ausgefallen, Kinn und Wangen rasiert. So bekommen wir ihn nur selten zu Gesicht. Auch wie es zu dieser Fixierung auf den alten Darwin kam, ist daher bedenkenswert.

Zu sagen, Darwin hätte sich bewusst inszeniert, würde zu weit führen. Allerdings verraten seine in Briefen dokumentierten Reaktionen auf Porträtfotografien ein gewisses Maß an Eitelkeit, die dafür gesorgt hat, dass wir den Entdecker der Evolutionstheorie mit *einem* Bild assoziieren – und nicht mit einem anderen. Alternativen gab es genug. Im Jahr 1840, Darwin hatte gerade seinen Reisebericht veröffentlicht, malte ein Künstler den Forscher etwa in einem Aquarell, das einen jungen Mann mit dünner werdendem Haar als tadellosen englischen Gentleman zeigt. Ende der 1840er Jahre folgte eine Lithografie, dann die ersten fotografischen Porträtaufnahmen, die von Fotoagenturen kommerziell vertrieben wurden. Mit der Erfindung der Fotografie waren Bilderserien wie der *Literary and Scientific Portrait Club* Mode geworden, der bekannte Persönlichkeiten aus Literatur und Forschung vorstellte, späteren Fanbildsammlungen nicht unähnlich. Zwei Mal saß auch Darwin für diese Reihe, 1854 und 1857, damals der Öffentlichkeit noch nicht als Autor der Evolutionstheorie bekannt, sondern als Weltreisender und seit 1853 als Träger der renommierten Royal Medal. Im ersten Foto empfand er seinen Gesichtsausdruck als »beklemmend boshaft«, an einen Bekannten schrieb er, dass, falls sein Ausdruck tatsächlich so schlimm wie auf der Fotografie sei, es ihm unerklärlich bleibe, warum er auch nur »einen einzigen Freund« habe (Corr 5, 339). Das zweite Foto nannte er ebenfalls »eine hässliche Angelegenheit« (Corr 9, 88). Der deutschen Übersetzung seiner Werke wurde es 1863 mit der zweiten, verbesserten und vermehrten Auflage der *Entstehung der Arten* dennoch als Frontispiz vorangestellt.

Dann folgte die berühmte Aufnahme mit Bart, die rückwirkend alle vorangegangenen Porträts löschen sollte (Abb. 2). Vorausgegangen war dem Porträt zunächst eine Unpässlichkeit. Im Spätsommer 1862 hatte Darwin einen Ausschlag im Gesicht entwickelt, der sich mit jeder Rasur verschlimmerte. Er hörte auf, sich zu rasieren, und ließ sich einen Bart wachsen. Neben praktischen Erwägungen mögen auch modische eine Rolle gespielt haben. Darwin, wie viele seiner Zeitgenossen, empfand Bärte als kleidsam. Sieben Jahre darauf, als 1871 *Die Abstammung des Menschen* erschien, widmete er sich ausführlich der Bartmode, die ihm als Beleg für das unterschiedliche Schönheitsempfinden von Völkern galt. Große Bärte, so hatten seine Nachforschungen ergeben, waren bei den Angelsachsen, Orientalen oder Fidschi-Insulanern besonders geschätzt, in Tonga und Samoa dagegen würden bartlose Gesichter bevorzugt, einzelne Haare deshalb sogar ausgerissen. »Bärtige Rassen«, schreibt Darwin, der die Angelsachsen unter diese Rubrik rechnete, »bewundern [...] ihre Bärte und schätzen sie sehr.« (AM[6] I, 328) Ganz so eindeutig, wie Darwin glauben machen wollte, war die Vorliebe für Bärte nicht, sie unterlag in der Geschichte wechselnden Moden. Im 19. Jahrhundert allerdings feierte der Vollbart eine Renaissance, nachdem er im gesamten 18. von fast niemandem getragen worden war; unter Darwins Zeitgenossen gab es zahlreiche weitere berühmte Vollbartträger, von Karl Marx bis Friedrich Engels, Émile Zola, Édouard Manet oder Giuseppe Garibaldi. Darwin reihte sich also in eine Galerie von Bartträgern ein. Im Bild hielt ihn mit Bart zum ersten Mal sein Sohn William Erasmus 1864 fest. Von Juni an versendete Darwin das Porträt, das William Erasmus vermutlich im April des Jahres aufgenommen hatte, an zahlreiche Korrespondenten im Ausland, von Deutschland bis in die Vereinigten Staaten. Er erhielt fast ausschließlich begeisterte Antworten, und auch sein deutscher Verleger tauschte in späteren Auflagen der *Entstehung der Arten* das frühere Porträt ohne Bart gegen das neue mit Bart aus. Es war dieses Bild, das von den Karikaturisten aufgegriffen wurde.

Abb. 2: Porträtfotografie von Charles Darwin im Alter von 55 Jahren

In allen Kommentaren wird deutlich, dass der Bart zahlreiche Bildtraditionen wachrief: die bärtigen Philosophen der Antike, Moses und die alttestamentarischen Propheten oder Gottvater. Aus dem Autor der Evolutionstheorie wurde eine Ikone, die ganz verschiedene Tugenden repräsentierte: die Weisheit des Philosophen, die gesetzgebende Kraft Moses', die Weitsicht des Propheten, die Güte Gottvaters – oder auch nur die Klarheit der männlichen Vernunft. Für die revolutionärste Theorie des 19. Jahrhunderts standen damit vergleichsweise traditionelle Werte ein. Die Karikaturen seiner Person sorgten gleichzeitig dafür, ein Bild von ihm zu prägen, das bis heute gültig ist: Darwin, der zurückgezogene Forscher aus Downe, weise, abgeklärt und altersmilde. Der Autor tritt uns damit als das exakte Gegenteil seiner Theorie entgegen, als deren Schlagwörter Kampf ums Dasein, Auslese und Wandel gelten. Er erscheint als alter Mann und Gentleman. Diese Mischung aus konservativen und revolutionären Elementen, die zum Teil geradezu widersprüchlichen Signale, die von der Evolutionstheorie und ihrem Autor ausgingen, behinderte aber nicht etwa den Erfolg, sondern trieb ihn an. Liberale, linke wie konservative Kreise fühlten sich gleichermaßen von Darwin und seiner Theorie angesprochen und konzentrierten sich häufig auf den Teil, der ihnen weltanschaulich am meisten entsprach.[6]

Wie wir noch sehen werden, konnte die Begeisterung, mit der die Evolutionstheorie von einigen Anhängern verfochten wurde, religiöse Züge annehmen. Darwin wurde dann tatsächlich wie Moses als Prophet verehrt, und seine Bücher wurden wie Gesetzestafeln entgegengenommen. Diese Tendenz betont die Karikatur. Der Zeichner informierte Darwin im Übrigen vorab, dass sein Bild in *Punch* erscheinen würde, und schloss hochachtungsvolle Grüße an. Die Tatsache, dass Darwin die Karikaturen aufbewahrte, zeigt, dass er sich selbst darüber amüsierte. Zu verdanken hatte er ihnen eine unschätzbare öffentliche Aufmerksamkeit, die Bilder waren mehr als nur eine Fußnote der Geschichte. Ihr Witz verhalf der Evolutionstheorie weit über ein Fachpublikum hinaus zur Popularität. Wie eine Sehschule übten die unzähligen Metamorphosen, mit denen Ausgabe für Ausgabe das Bestiarium der Evolution erweitert wurde, den Entwicklungsgedanken ein: Menschen wurden im Blätterwald der englischen illustrierten Presse zu Tieren, Tiere zu Pflanzen und umgekehrt. Auch Darwin sollte sich in *Punch* oder anderen Satireschriften immer wieder in einen Affen verwandeln. Die Satire förderte und vervielfältigte so das Bild der Evolution und führte zu einer gewissen Leichtigkeit im Umgang mit ihr.

2. Briefe

Darwins frühe Arbeit an der Evolutionstheorie fiel in die Jahre der englischen Postreform der 1840er und 1850er Jahre, in denen die Kosten für das Verschicken von Briefen deutlich gesenkt wurden; gleichzeitig wuchs die Infrastruktur, der Schienen-, Schiffs- und Straßenverkehr, im sich über die gesamte Welt erstreckenden British Empire erheblich an. Von dieser Effizienzsteigerung profitierte auch Darwin, sie hatte unmittelbare Folgen für seine Forschung. Der offensichtlichste Vorteil lag in der Möglichkeit, ein umfassendes Korrespondentennetz auszubauen, das den Erdball von Jena bis Java umspannte. Darwin nutzte systematisch die Außenposten des englischen Kolonialreichs, um sich über Tiere, Pflanzen, Sammlungen oder Landstriche, die er nicht aus eigener Anschauung kannte, informieren zu lassen. Er korrespondierte mit Wissenschaftlern, Kolonialbeamten, Zoowärtern, Jägern, Züchtern, Gärtnern, Haustierhaltern, Künstlern oder Ärzten. Er schrieb nach Indien, Jamaica, Neuseeland, Kanada, Australien, China, Borneo oder die hawaiianischen Inseln. Als er an seinem Buch über den *Ausdruck der Gemütsbewegungen bei den Menschen und den Tieren* arbeitete, das 1872 erscheinen sollte, sandte er Fragebögen bis nach Feuerland.[7] Ob die Feuerländer erröten und aus welchem Grund, erkundigte er sich in einem Brief bei dem englischen Missionar vor Ort. Reißen sie die Augen auf, wenn sie sich wundern? Dahinter stand die Frage, wie universal Ausdrucksweisen sind, eine Forschungsarbeit, für die das ausgedehnte englische Kolonialreich die Ressourcen bot.

Über die Jahre wurde seine Korrespondenz immer umfänglicher. Im Jahr 1877 gab Darwin für Porto und Briefpapier fast 54 Pfund aus, eine Summe, die damals dem Jahreseinkommen eines Butlers entsprach.[8] Das raffinierte Beförderungswesen erlaubte es ihm zudem, sich nicht nur Briefe, sondern auch Objekte und Sammlungsstücke senden zu lassen. Die englische Post war zu beeindruckenden Leistungen fähig: Die zerbrechliche Fracht zweier Schmetterlingsflügel, die ein Korrespondent im brasilianischen Urwald auf einen Briefbogen klebte und zum Postamt brachte, gelangten ebenso zuverlässig zu Darwin nach England wie die in Spiritus eingelegten Rankenfußkrebse, die während der 1850er Jahre, als Darwin eine Monografie über diese Tierklasse schrieb, dutzendfach in seinem Haus in Downe eintrafen. Da Darwin Europa nie bereiste, kannte er die großen naturhistorischen Sammlungen in Paris oder Berlin nur aus Briefen, Büchern oder Zeitschriften. In seiner Forschung war er auf die Auskunft der Korrespondenten angewiesen. Bisher sind in den Archiven weltweit über vierzehntausend Briefe bekannt, die Darwin geschrieben oder erhalten hat. Jedes Jahr tauchen neue auf, die Bestandserfassung ist längst noch nicht abgeschlossen. Information, die Beschaffung von Daten, war ein wesentlicher Aspekt dieses Schriftverkehrs, der sich darin jedoch nicht erschöpfte.

Historiker, darunter vor allem Literaturwissenschaftler, haben wiederholt Darwins Stil analysiert, den sein Sohn Francis als »herzlichen und vertraulichen Ton gegenüber dem Leser« bezeichnete.[9] Charakteristisch ist etwa die Verwendung der ersten

Person Singular, der Leser wird direkt angesprochen – beides sollte in der Wissenschaftsprosa des 20. Jahrhunderts vollkommen unüblich werden. Die dritte Person oder Passivkonstruktionen treten danach anstelle des »ich«, in direkter Ansprache wendet sich kein moderner Wissenschaftstext mehr an seine Leserschaft. In einem Artikel in *Nature* oder *Science* ist heute das Verhältnis zwischen Autor und Leser anonymisiert. Darwin dagegen liest sich über weite Strecken, als habe man persönlich einen Brief von ihm erhalten, der Leser wird ins Vertrauen gezogen, er teilt mit ihm Argumente wie Zweifel. In den Schriften begegnen wir einem skrupulösen Autor, der sich entschuldigt, wenn der Gegenstand zu kompliziert wird oder weiter ausgeholt werden muss, der seine Fachkollegen lobt und seinen Kritikern mit Respekt begegnet. Mit den meisten Forschern, die zitiert werden, hatte Darwin zuvor korrespondiert, so dass seine Bücher buchstäblich aus Briefwechseln herauswuchsen. Und auch wenn eine Schrift im Druck erschien, nutzte Darwin die Möglichkeit, sich gleichzeitig handschriftlich an Kollegen und Korrespondenten zu wenden. Bezeichnend sind die Briefe, die er der *Entstehung der Arten* beilegte, als er das Buch 1859 an Kollegen verschickte. An Alfred Russel Wallace etwa schrieb er: »Ich hoffe, es wird ein bisschen Neues für Sie dabei sein, aber ich fürchte nicht viel.« An Thomas Henry Huxley: »Ich weiß, dass Sie vielem darin widersprechen werden.« An Thomas Eyton: »Mein Buch wird Sie erschrecken & abstoßen.«[10] Immer bemühte er sich darum, Kritik oder Ablehnung aufzufangen, indem er ihr zuvorkam.

Darwins Schreiben müssen wir uns in fließenden Übergängen vorstellen. Der Ton seiner Briefe, Anmerkungen und Widmungen prägte auch das publizierte Werk. Eine seiner Grundüberzeugungen bestand darin, dass es besser sei, sich aus der tagesaktuellen Debatte um seine Theorie herauszuhalten. Er sah seine

Verantwortung darin, Bücher zu verfassen – die schnelle Replik auf Angriffe in Zeitungen oder Zeitschriften überließ er anderen. Den jeweiligen Stand der Diskussion verfolgte er dabei sehr genau: Ähnlich wie im Fall der Karikaturen sammelte er auch die Kritiken und Kommentare zu seinen Veröffentlichungen. Aus Magazinen schnitt er die entsprechenden Seiten heraus, versah sie an den Rändern mit Anmerkungen, klebte kleinere auf Papierbögen und ordnete sie der Größe nach in seinem Regal. Zusätzlich erstellte er ein Register, in dem er die von Kritikern angesprochenen Probleme listete, welche er schließlich in seine Bücher einarbeitete. Wie gut sich Darwin in der englischen Medienlandschaft auskannte, zeigt sich daran, dass er von den dreiundvierzig Besprechungen, die in England seit der Veröffentlichung der *Entstehung der Arten* im November 1859 bis zum Jahresende erschienen, bis auf sechs Autoren alle namentlich kannte. Entsprechend den Publikationsgepflogenheiten der Zeit waren die meisten Artikel anonym oder unter Kürzel erschienen. Sie zu entziffern bereitete Darwin keine Schwierigkeiten.[11]

Mit den Zeitungen war eine Arena geschaffen worden, in der Darwin viel besprochen wurde, aber selbst nicht öffentlich auftrat; er publizierte ausschließlich Bücher oder Aufsätze in Fachzeitschriften. Dass wir heute trotzdem recht genau darüber Bescheid wissen, wie und mit wem er sich beriet, liegt daran, dass er sich kaum mündlich besprach, sondern vornehmlich in Briefen. Die englische Wissenschaftshistorikerin und Darwin-Biografin Janet Browne spricht in diesem Zusammenhang von Darwins Musketieren, eine bis in die Vereinigten Staaten reichende Einsatztruppe, die einsprang, wenn die Evolutionstheorie unter Beschuss geriet.

Der berühmteste Fall, in dem Darwin durch einen Stellvertreter verteidigt wurde, ereignete sich schon bald nach der Veröffentlichung der *Entstehung der Arten*. Bei der Jahrestagung der British

Association for the Advancement of Science im Sommer 1860 waren es Samuel Wilberforce, der Bischof von Oxford, und Thomas Henry Huxley, die öffentlich den Streit um die Evolutionstheorie miteinander austrugen. Huxley, Anatom, Physiologe und leidenschaftlicher Anhänger der Evolutionstheorie, trug sein Engagement den Spitznamen »Darwin's Bulldog« ein. Vorausgegangen war dem Schlagabtausch zwischen ihm und Wilberforce ein Verriss der *Entstehung der Arten*, die der Bischof für die angesehene Zeitschrift *Quarterly Review* verfasst hatte. Während Darwin es in seinem Buch vermieden hatte, einen Keil zwischen Religion und Wissenschaft zu treiben, attackierte der Bischof die Theorie als gottlos und übergoss sie zudem mit Hohn und Spott. Bereits vor dem Treffen war klar, dass der Streit um die Evolutionstheorie die Tagung beherrschen würde.

Darwin korrespondierte im Vorfeld mit seinen verbündeten Kollegen, zwei Tage vorher brach er mit einer Magenkolik zusammen und fuhr statt zur Tagung zur Kur. »Du und dein Buch waren das Thema des Tages«, schrieb ihm ein Freund, der an dem Treffen teilgenommen hatte, nach dem ersten Vortrag (Corr 8, 270). Für die öffentliche Debatte zwischen Huxley und Wilberforce fand sich in der Bibliothek des Naturgeschichtlichen Museums der Universität in Oxford ein Publikum von knapp eintausend Zuhörern ein. Der etwa halbstündige Vortrag des Bischofs kulminierte, nach wissenschaftlichen und theologischen Ausführungen, in einem Angriff auf Huxley. Ob er über seine Großmutter oder seinen Großvater mit dem Affen verwandt sei, erkundigte sich Wilberforce bei Huxley. Huxley, so die Überlieferung, soll geantwortet haben, dass er lieber einen Affen zum Großvater hätte als einen Mann, der seine Bildung und seinen Einfluss dafür einsetze, eine ernsthafte wissenschaftliche Diskussion ins Lächerliche zu ziehen. Vor die Wahl gestellt, gestehe er, »ohne zu zögern meine Bevorzugung des Affen«[12]. Die Replik machte schnell die Runde, verkürzt zu der Aussage, Huxley habe gesagt, er wolle lieber vom Affen als von Pfaffen abstammen. Im Saal brach danach Tumult aus, und Robert FitzRoy, der Kapitän, mit dem Darwin auf der H.M.S. Beagle die Welt umsegelt hatte, soll öffentlich bereut haben, den jungen Forscher an Bord genommen und damit der Evolutionstheorie den Boden bereitet zu haben.

Was auf der Tagung geschah, ließ sich Darwin ausführlich von Korrespondenten in Briefen berichten. Sich nicht selbst der Diskussion gestellt zu haben bereitete ihm ein schlechtes Gewissen. An Huxley, der ihn so standhaft verteidigt hatte, schrieb er: »Ich denke oft, dass meine Freunde (& vor allem Du) guten Grund hätten, mich zu hassen, weil ich so viel Schlamm aufgewirbelt habe & Euch damit so viel hässliche Scherereien mache. Wenn ich mein eigener Freund wäre, würde ich mich hassen [...].« (Corr 8, 277)

In diesem Ausschnitt finden wir das, was Darwins Briefe so herausragend macht: Anteilnahme, Humor und Dankbarkeit gegenüber seinen Korrespondenten. Ihm lag das Polemisieren nicht, weder in seinen Briefen noch in seinen Veröffentlichungen finden wir scharfe Töne. Umso mehr bewunderte er die Schlagfertigkeit von Mitstreitern wie Thomas Henry Huxley oder Asa Gray. Letzteren verglich er, nachdem dieser einen Professor für Zoologie und Geologie an der Harvard University angegriffen hatte, mit einem »Schuss aus einer 32-Pfünder Kanone« – damals das schwerste Geschütz der britischen Streitkräfte. In einem anderen Brief schrieb er an Gray: »Bei Gott, ich sage Ihnen, was Sie sind, ein Hybrid, eine komplexe Kreuzung aus Anwalt, Dichter, Forscher und Theologe – hat man schon je so ein Monster gesehen?« (Corr 8, 350)

Die Beispiele zeigen, dass die Auseinandersetzungen um die Evolutionstheorie in ein feinmaschiges Gewebe aus Briefen eingesponnen waren, in denen man sich stützte, Argumente austauschte, Befürchtungen teilte. Der Nutzen war wechselseitig: Darwin konnte sich auf das Forschen und Bücherschreiben konzentrieren und sich von der tagesaktuellen Polemik fernhalten. Junge Forscher wie etwa Huxley – Darwin war fünfzehn Jahre älter als er – nutzten sowohl die öffentlichen als auch die fachwissenschaftlichen Auseinandersetzungen, um sich zu profilieren. In seinem berühmten Buch über die *Struktur wissenschaftlicher Revolutionen* unterstreicht der Physiker und Wissenschaftstheoretiker Thomas S. Kuhn die Bedeutung von Generationswechseln für die Durchsetzung einer Theorie. Jeder grundlegende Wandel von fachlichen Positionen geht mit einer Verschiebung der Untersuchungsgegenstände und Maßstäbe einher – und mit ihnen der Methoden, Forschungsfragen und zulässigen Antworten. Ein neues wissenschaftliches Paradigma verändert die gesamte wissenschaftliche Arbeitswelt, ein Umschwung, den häufig Nachwuchswissenschaftler betreiben.[13] Die Geschichte der Evolutionstheorie verlief gemäß dem von Kuhn beschriebenen Muster: Während Darwin in seiner eigenen Generation viele Gegner hatte, die an den Universitäten wichtige Lehrstühle hielten, verkehrte sich die Situation später. Seine jungen Unterstützer, von Thomas Henry Huxley in England bis zu Ernst Haeckel in Deutschland, zogen in die Institutionen ein.

Noch ein letzter Aspekt des Briefverkehrs ist sprechend mit Blick auf Darwins Stellung und Person. Im Vorwort wurde bereits erwähnt, dass die *Entstehung der Arten* in ihrer weltanschaulichen Bedeutung in eine Reihe mit Marx' *Kapital* oder Adam Smiths *Wohlstand der Nationen* gestellt werden kann. Für die Zeitgenossen stand außer Zweifel, dass zwischen diesen Buchdeckeln mehr als nur eine wissenschaftliche Theorie steckte; so liebenswürdig, geschliffen, gewinnend, bescheiden oder humorvoll Darwin seine Korrespondenten in Briefen umwarb, so eifrig, eilfertig oder hoffnungsvoll schrieben ihm Menschen aus der ganzen Welt.

Darwin wurde zur Anlaufstelle für Fragen und Bitten aller Art. Immer wieder wollten Leser wissen, ob er an Gott glaube und die Evolutionstheorie mit der Religion für vereinbar halte. Andere sahen ihn als für noch darüber hinausreichende Anliegen zuständig an. Dem Brief eines Gärtners etwa, der in einer psychiatrischen Heilanstalt arbeitete und Darwin mit botanischen Beobachtungen belieferte, war eine geheime Botschaft eingefügt, in der ein Insasse der Institution den Forscher darüber informierte, er werde zu Unrecht festgehalten. Darwin bemühte sich tatsächlich darum, dem Patienten zu helfen, allerdings nur um herauszufinden, dass dessen Behauptungen Teil des Krankheitsbildes waren. Ein anderer Korrespondent bat um Einschätzung seines Flugapparates, den er mit Vögeln antreiben wollte. Schließlich informierte ihn noch ein Schreiber darüber, dass er in einem Mühlteich in York zwei Alligatoren halte, jeder etwa drei Fuß lang, so dass er viel Gelegenheit habe, »ihr Verhalten zu beobachten, falls sie mehr darüber wissen wollen«[14]. Wie so viele, die Darwin unaufgefordert Ideen, Beobachtungen oder Naturalia sandten, wünschte sich wohl auch der Autor aus York, Teil des weltbedeutenden Projekts Evolutionstheorie zu werden. Diese Briefe, so kurios sie im Einzelnen sein mögen, sind mehr als nur Anekdoten. Sie zeigen, was Darwin geworden war: ein Weiser, ein Wissenschaftsstar, eine moralische Instanz.

3. Revolutionär

Darwin macht es uns nicht ganz einfach zu bestimmen, ob seine Evolutionstheorie für das 19. Jahrhundert revolutionär oder eher typisch war. Von Historikern sind beide Ansichten vertreten worden, von Darwins Zeitgenossen ebenfalls. Auch hier springt das Bild, das wir von ihm und seiner Theorie haben, gleich einem Vexierbild um. Offensichtlich ist also Unterschiedliches gemeint, wenn die Evolutionstheorie entweder als revolutionär oder als typisch für das 19. Jahrhundert bezeichnet wird.

Fangen wir also mit der berühmtesten Einschätzung an, Sigmund Freuds Wendung von der zerstörten »narzißtischen Illusion«. Der Psychoanalytiker reihte Darwin in den historischen Dreischritt der sogenannten »großen Kränkungen der Menschheitsgeschichte« ein: die kosmologische Kränkung durch Kopernikus, die biologische eben durch Darwin und die psychologische durch ihn selbst, Sigmund Freud. Inhaltlich besagen die drei Kränkungen, dass die Erde nicht im Mittelpunkt des Universums steht, der Mensch nicht die Krone der Schöpfung ist und dass er nicht souverän über sein Bewusstseinsleben verfügt. Freud war damit der einflussreichste Vertreter der Vorstellung, dass Darwin, wie der Seher in Platos Höhlengleichnis, als Einziger die Wahrheit erblickte und diese gegen den Widerstand seiner Zeitgenossen verteidigen musste. Wie wir bereits im Zusammenhang von Karikaturen und Korrespondenz gesehen haben, lassen sich die Reaktionen, die auf die Evolutionstheorie folgten, allerdings nur schwer als Schock beschreiben. Mit der Evolutionstheorie wurde häufig spielerisch umgegangen, die Rezeption war breit gefächert: Es gab natürlich auch scharfe Kritiken, wie das Beispiel Wilberforce zeigt. Aber man amüsierte sich ebenso und spekulierte angeregt über die Folgen. Darwin wurde schon zu Lebzeiten zum Mitglied in allen bedeutenden wissenschaftlichen Gesellschaften ernannt, er erhielt Medaillen und Ehrendoktorwürden, nach seinem Tod 1882 wurde er neben Isaac Newton in Westminster Abbey begraben. Offensichtlich wussten seine Zeitgenossen also, was sie an ihm hatten – und schätzten es. Darwins Evolutionstheorie wurde kaum als so kränkend empfunden, wie es sich Freud später ausmalen sollte.

Bleiben wir zunächst bei der Frage, mit welchem Recht Darwin als typisch für sein Jahrhundert beschrieben werden kann. »Was macht Darwin populär?«, fragte in diesem Sinne ein bekannter Publizist des 19. Jahrhunderts, Alfred Dove, in einem Zeitungsartikel und gab die Antwort: »Wir waren [...] längst Darwinisten auf so manchem andern Gebiet.«[15] Dove reihte Darwin 1871 in die Tradition des historischen Denkens ein, die Verzeitlichung der Natur, als deren Kronzeugen er die Geologie sah. An die Stelle eines ruhenden Weltsystems trat die Vorstellung seiner allmählichen Gestaltung. Ende des 18. Jahrhunderts kamen die meisten Forscher darin überein, dass die Erde in ihrer Gestalt *geworden* war: Gebirge, Seen, Inseln oder Küsten wurden als Produkt eines historischen Prozesses verstanden, nicht als von Gott geformte Schöpfungen. Nach Dove war es nur eine Frage der Zeit, bis diese Denkfigur auch auf die organische Natur angewendet werden würde – auf Pflanzen oder Tiere. Tatsächlich beschrieb er damit einen wesentlichen Aspekt, der Darwin zur Evolutionstheorie gebracht hatte. Mit Begeisterung las der junge Forscher auf seiner Weltreise die Bücher des Geologen Charles Lyell, in denen dieser die Entstehung der Erdoberfläche als einen langsamen Prozess beschrieb, in dem viele kleine Ursachen zu großen Wirkungen führten, wie etwa die tagtägliche Bodenerosion, die über Jahrtausende zur Umgestaltung ganzer Landstriche führen kann. Die Theorie der kleinen, sich akkumulierenden Ursachen übertrug Darwin auf die organische Natur. In einem Brief schrieb er später, er verdanke sein Denken zum großen Teil dem englischen Geologen: »Mir ist immer, als stammten meine Bücher zur Hälfte aus dem Kopfe Lyells.« (Corr 3, 55) Es war auch Lyell, der erkannte, dass eine Theorie der Evolution in der Luft lag, und deshalb Darwin bereits vor 1859 dazu drängte zu veröffentlichen, damit ihm kein anderer Autor zuvorkomme.

Alfred Doves Einordnung ist aber noch in einer zweiten Hinsicht lehrreich. Darwin, nimmt man die forschungstechnischen Neuerungen des 19. Jahrhunderts in den Blick, war in einigen Hinsichten ein ausgesprochen traditioneller Wissenschaftler. Doves Satz, »wir waren [...] längst Darwinisten auf so manchem andern Gebiet«, kann man auch so lesen, dass Darwin mehr dem Gelehrtentypus des 18. Jahrhunderts entsprach. Er arbeitete als »gentleman naturalist«, ein Privatgelehrter also, der seine Forschung selbst finanzierte, nie an der Universität lehrte und nicht vor großem Publikum sprach. Eine wissenschaftliche Karriere außerhalb von Universität und offiziellen Forschungseinrichtungen war bereits im 19. Jahrhundert eine Ausnahme. Alexander von Humboldt verkörpert prototypisch den freien Gelehrten und Forscher, danach eben Darwin, aber schon in der zweiten Hälfte des 19. Jahrhunderts war eine solche Laufbahn nicht mehr vorstellbar; Darwins jüngere Mitstreiter, Huxley, Haeckel oder Gray besaßen alle Posten an der Universität.

Darwins konservatives Gelehrtendasein schloss auch die Arbeitsmethoden ein. Ein Labor etwa, das im 19. Jahrhundert zur Arbeitsstätte der Wissenschaftler wurde, hatte er nicht. Mit Ausnahme der Fotografien, die er 1872 in seinem Buch über den *Ausdruck der Gemütsbewegungen bei dem Menschen und den Tieren* zeigte, setzte er in seiner Forschung keine der neuen Techniken oder Apparate ein, die im Zuge der Industrialisierung in die modernen Lebenswissenschaften einzogen. Auch die experimentelle Methode spielte für die Findung der Evolutionstheorie keine Rolle. Sie setzte sich mit den Arbeiten des französischen Physiologen Claude Bernard im Verlauf des Jahrhunderts zunehmend durch, eine Vorgehensweise, die Bernard ausdrücklich gegen das reine Beobachten abgrenzte. Darwin entwickelte die Evolutionstheorie dagegen nicht entlang von Experimenten. Die Grundlage seiner Forschung bildeten traditionelle Gegenstände: Bücher, Sammlungen, Beobachtungen und deren handschriftliche Aufzeichnung. Zugespitzt ließe sich also sagen, dass ausgerechnet der Autor, dessen Werk die Wissenschaft des 19. Jahrhunderts revolutionieren sollte, am wenigsten an den methodischen und technischen Umwälzungen der lebenswissenschaftlichen Disziplinen teilhatte: kein Labor, keine Apparate, keine maschinell gefertigten Aufzeichnungen oder Bilder.[16]

Was war also neu an Darwin? Darwin war nicht der Erste, der den Schöpfergott aus der Geschichte der Pflanzen und Tiere verabschiedete, er war auch nicht der Erste, der eine Evolutionstheorie formulierte. Trotzdem entwarf er ein bis dahin unbekanntes Bild der Natur. Die Phänomene, die er beobachtete, waren so neu wie die Ursachen, die er zur Grundlage von Wandel erklärte. Er war der Erste, der dem Aussterben von Tieren oder Pflanzen eine gestaltende Rolle in der Naturgeschichte zuwies, und er war auch der Erste, der die ungerichtete Variation von Nachkommen zur Grundlage des Wandels erklärte. Mit dem sich beharrlich auf die Makel, Unzulänglichkeiten und Besonderheiten des Lebendigen heftenden Blick schuf er die ungewöhnlichsten Ansichten der Natur im 19. Jahrhundert; er spähte in die Risse und Ritzen der scheinbar vollkommenen Schöpfung, bis sie sich wie eine Tür auftaten und dahinter die Evolution erschien. Generationen von Forschern vor ihm hatten Organismen mit perfekten Maschinen verglichen, Pflanzen und Tiere schienen ihnen wie von einem omnipotenten Ingenieur entworfen. Darwin, der »Millionär von seltsamen und wunderlichen kleinen Tatsachen«, den er sich selbst einmal nannte (Corr 12, 337), beschrieb die Natur als Bastlerin, die »alte Räder oder Federn und Rollen« immer wieder neu kombinierte, umbaute. (VEO, 243) Wenn seine naturforschenden Vorgänger in Organismen surrendes Uhrwerk sahen, dann Darwin eher einen improvisierten, aus Teilen von Fahrrädern, Weckern und Dampfrohren zusammengelöteten Apparat.

Er brach mit einer bis zu Julien Offray de La Mettrie oder René Descartes ins 17. Jahrhundert zurückreichenden Denktradition. Natur nach Darwin war unvollkommen, veränderlich, in einem fortdauernden, ungerichteten Prozess des Werdens und Vergehens.

II. Hinter den Kulissen: Darwin vor 1859

Kurzbiografie 1809 bis 1859

Charles Darwin wurde als fünftes von sechs Kindern am 12. Februar 1809 in Shrewsbury geboren. Sein Vater, Robert Waring Darwin, war ein angesehener Arzt, sein Großvater, Erasmus Darwin, einer der führenden Intellektuellen der Aufklärungszeit. Als Dichter, Wissenschaftler und Arzt erwarb sich Erasmus Darwin zu Lebzeiten einen herausragenden Ruf, König Georg III. von England bot ihm an, als Leibarzt an den Hof zu kommen, was er jedoch ausschlug. Darwins Mutter starb, als Charles acht Jahre alt war, nach einer längeren Krankheit.

Die Schulzeit verbrachte Darwin von 1818 bis 1825 auf einem Internat in seiner Heimatstadt Shrewsbury. Mit sechzehn Jahren, den Wünschen des Vaters gemäß, ging er zum Medizinstudium nach Edinburgh, eine der besten Universitäten der Zeit und Hochburg der Aufklärung: In der schottischen Hauptstadt hatten unter anderem Adam Smith und David Hume gelehrt. Darwin belegte neben rein medizinischen Kursen auch Vorlesungen in Zoologie und Geologie, ging in seiner Freizeit jagen und lernte von einem entlaufenen Sklaven, wie Tiere präpariert werden. Als sich abzeichnete, dass der Arztberuf seinem eher empfindlichen Gemüt wenig entsprach, inbesondere das Sezieren von Leichen, wechselte er nach zwei Jahren zum Theologiestudium nach

Cambridge. Im 19. Jahrhundert waren naturwissenschaftliche Fächer noch Teil des Theologiestudiums, Darwin hörte also auch Vorlesungen in Geologie und Botanik. Im Jahr 1831 schloss er als Zehntplatzierter von insgesamt 178 Prüfungskandidaten ab.

Bald darauf wurde Darwin auf Vermittlung von John Stevens Henslow, ein anglikanischer Geistlicher, der in Cambridge Vorlesungen über Botanik hielt, die Mitfahrt auf der H.M.S. Beagle angeboten. Darwins Vater willigte nach einigen Bedenken ein, die Kosten zu übernehmen, im Dezember 1831 stach die Beagle in See. Das Schiff nahm von England aus zunächst Kurs auf Teneriffa, die Route führte durch den Kapverdischen Archipel zur Ostküste Brasiliens, nach Bahia, und dann zu den Falklandinseln, nach Feuerland und Patagonien; die Westküste wurde bis nach Lima bereist, über die Galápagosinseln ging die Fahrt weiter nach Tahiti, Neuseeland, Australien, die Kokosinseln, schließlich über Mauritius und das südafrikanische Kap zurück nach England.

Die sich um die Weltumseglung rankende Legende, Darwin sei auf den Galápagosinseln die Evolutionstheorie wie Schuppen von den Augen gefallen, ist – darin sind sich alle Historiker einig – nicht richtig. Erst nach der Rückkehr im Herbst 1836 begann er, beim Auswerten der Sammlung in London, die Evolutionstheorie in mehreren Notizbüchern zu entwickeln. Den Wendepunkt markiert ein berühmt gewordenes Diagramm aus dem sogenannten *Notebook B*, das Darwin, achtundzwanzigjährig, im Sommer 1837 zeichnete (Abb. 3). Bis 1859 *Die Entstehung der Arten* erschien und Darwin mit der Evolutionstheorie an die Öffentlichkeit trat, sollten noch zwanzig Jahre vergehen. Als Wissenschaftler, wenn auch noch nicht als Evolutionstheoretiker, war er jedoch schon in den Jahren vor 1859 sehr erfolgreich. Allein aus den fünf Reisejahren gingen zwischen 1838 und 1846 insgesamt zehn Veröffentlichungen hervor: *The Zoology of the H.M.S Beagle* umfasste fünf Bände, *The Geology of the H. M. S. Beagle* drei, dazu kam der Reisebericht, der 1845 in der überarbeiteten zweiten Auflage als *Die Fahrt der Beagle* erschien; anschließend verfasste Darwin noch eine vierbändige Abhandlung zu den Rankenfußkrebsen, *A Monograph on the sub-class Cirripedia*, die er von 1851 bis 1854 publizierte. Von 1838 an bekleidete er für drei Jahre das Amt des Sekretärs der Geological Society in London. Nachdem er 1839 die Cousine und Porzellanfabrikantentochter Emma Wedgwood geheiratet hatte, zog er drei Jahre später, im September 1842, nach Downe in der Grafschaft Kent. Für seine Monografie über die Rankenfußkrebse erhielt er 1853 die Royal Medal, eine der wichtigsten wissenschaftlichen Auszeichnungen Englands. In sein geheimes Projekt, die Evolutionstheorie, weihte er bis 1859 neben seiner Frau nur wenige Mitwisser ein, darunter den Botaniker Joseph Dalton Hooker und den Geologen Charles Lyell. Zwischen 1839 und 1856 bekamen Emma und Charles Darwin zehn Kinder, drei davon starben früh. In diesem Kapitel wird nun erklärt, wie Darwin zur Evolutionstheorie kam und warum Alfred Russel Wallace zur gleichen Zeit die gleiche Idee hatte.

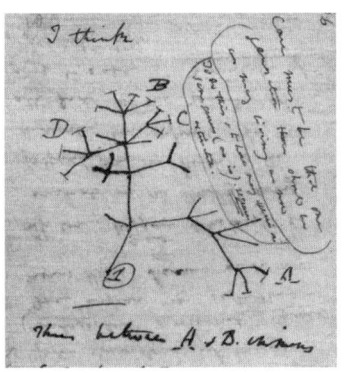

Abb. 3: Darwins erste Skizze der
Evolutionstheorie im Sommer 1837

1. Historische Evolutionstheorien

Historiker haben einige Mühe darauf verwendet, Vorläufer der Evolutionstheorie ausfindig zu machen, ein Unternehmen, bei dem ihnen Darwin selbst zur Hand ging. Als *Die Entstehung der Arten* 1872 in sechster Auflage erschien, stellte er dem Buch statt eines Vorworts die umfangreiche »Historische Skizze der Fortschritte in den Ansichten über den Ursprung der Arten« voran. Darin reihte er nacheinander auf, wer den Evolutionsgedanken bereits vor der Publikation seines Buches vertreten habe. Die Liste umfasste nach den über zehnseitigen Ausführungen fast zwei Dutzend Namen, darunter Aristoteles, Johann Wolfgang von Goethe und Jean-Baptiste de Lamarck. Obwohl Darwin ein erstaunliches Lesepensum absolvierte, dürfen wir uns nicht vorstellen, dass er sämtliche der von ihm genannten Werke wirklich gelesen hatte. Im Fall von Aristoteles etwa, den er als Vorläufer anführt, wissen wir, dass er es nicht getan hat. Den Vorsatz, sich die Werke des antiken Philosophen vorzunehmen, fasste Darwin zum ersten Mal im Jahr 1838, in dem er alle Bücher, die er lesen wollte, in einer Liste notierte (Notebook C, 268 f.). Mehr als vierzig Jahre später, im Februar 1879, antwortete er allerdings einem Korrespondenten, der ihn zu Aristoteles befragte, er müsse »zu seiner Schande« gestehen, dass er ihn nie gelesen habe.[17] Insofern ist die gedankliche Ahnherrschaft, die Darwin für seine Evolutionstheorie aufruft, mit Vorsicht zu genießen. Sich in eine über zweitausendjährige Denkschule zu stellen folgte sicherlich eher einem Kalkül; wie wir mit Blick auf Darwins Porträt bereits gesehen haben, legte es der englische Forscher nicht darauf an, als Revolutionär wahrgenommen zu werden. Er fühlte sich wohler im ruhigen Fahrwasser von Traditionen, und mit seiner Einleitung verlegte er ein weitverzweigtes System durch die Geschichte, das seine Theorie mit zahlreichen Vorgängern verband.

Trotzdem fiel die Evolutionstheorie nicht vom Himmel, sie hatte natürlich Vorgänger, auch wenn es häufig überraschend ist, wer und auf welche Weise in Darwins Texte Eingang fand. Beginnen wir mit Aristoteles, dem ältesten Denker, den Darwin als Vorläufer anführt, auch wenn wir wissen, dass er ihn nicht gründlich gelesen hat. Die Schriften des antiken Philosophen waren aber Teil des Universitätscurriculums, so dass es sich lohnt, einen Blick auf sie zu werfen. Mit Aristoteles und dessen *Historia animalium* aus dem vierten Jahrhundert v. Chr. ist einer der ideengeschichtlich einflussreichsten und langlebigsten Grundgedanken benannt, den der Historiker Arthur O. Lovejoy in seinem Buch *Die große Kette der Wesen* 1936 entlang den historischen Metaphern Kette, Skala oder Leiter beschrieb. Zugrunde lag bei Aristoteles die Vorstellung einer in fünf Reiche gegliederten Natur: Himmelskörper, Menschen, Tiere, Pflanzen und das Leblose. Diese Einteilung kann man sich als ein festes Gefüge mit klaren Grenzen vorstellen – wie weit voneinander entfernte Inseln in einem Ozean; oder aber, wie es Aristoteles in seiner *Historia animalium* tut, als ein Kontinuum von Ähnlichkeiten, ohne harte Brüche, sondern verbunden durch feine Übergänge. Zwischen dem anorganischen und dem organischen Reich wollte Aristoteles nicht kategorisch unterscheiden, er entwickelte stattdessen das Modell einer hierarchischen Stufung und schrieb: »So macht die Natur auch den Übergang von den unbelebten zu den lebendigen Dingen nur schrittweise, so daß infolge dieser Stetigkeit überall Zwischenglieder vorhanden sind, ein Mittelding, von dem man nicht weiß, zu welchem Grenznachbarn es zu rechnen ist.«[18]

Statt also von kategorischen Unterschieden zwischen Mineralien, Pflanzen und Tieren auszugehen, schrieb Aristoteles der Natur eine gewisse Uneindeutigkeit zu, es gab Naturprodukte, die sich nicht klar der einen oder anderen Seite zuschlagen ließen. In *Die große Kette der Wesen* verfolgte Arthur O. Lovejoy diese Idee durch die abendländische Geschichte; plastisch vor Augen steht sie mit dem Schweizer Naturforscher Charles Bonnet 1745, der in seinem naturhistorischen Werk *Œuvres d'histoire naturelle et de philosophie* die Natur und ihre Reiche tatsächlich in Form einer Leiter darstellte, deren enge Sprossen von den Steinen über Pflanzen und Tiere bis zum Menschen reichten.[19]

Von einem Evolutionsmodell zu sprechen wäre aber sowohl im Fall des Aristoteles als auch Bonnets irreführend. Richtig ist, dass beide – wie Darwin – die Naturreiche nicht strikt trennen, sondern schrittweise Übergänge beschreiben. Abweichend von Darwin werden diese Übergänge allerdings bis ins späte 18. Jahrhundert nicht als Ergebnis eines historischen Prozesses verstanden. Ähnlichkeiten waren Teil einer fein gestuften natürlichen Ordnung, nicht das Produkt von Geschichte. Tiere oder Pflanzen änderten sich gemäß dieser Vorstellung nicht von Generation zu Generation, sie verharrten auf ihrem Platz in der Stufenleiter, so fein getreppt diese auch sein mochte. Das Bild von Treppe oder Kette unterstreicht das: Glieder in einer Kette oder Stufen einer Treppe können sehr eng beieinander stehen, sie gehen aber nie ineinander über. Es sind starre Gebilde, und bis ins 18. Jahrhundert stellte man sich die Ordnung der Natur genau so vor, als ein unendlich kleinteiliges Regalsystem, in dem jedes winzige Fach vom anderen getrennt blieb.

Das Verdienst, das Leitermodell in die historische Dimension geklappt zu haben, schreibt Darwin folgerichtig Jean-Baptiste de Lamarck zu. Dessen *Philosophie zoologique* erschien im Jahr 1809 und damit im selben Jahr, in dem Darwin geboren wurde. Der französische Botaniker, Zoologe und Kurator für wirbellose Tiere am Muséum national d'Histoire naturelle in Paris sprach sich darin gegen die Vorstellung aus, Arten seien jeweils einzeln von einem Schöpfer geschaffen worden; stattdessen vertrat er die

Theorie einer sukzessiven Entstehung und Höherentwicklung, in deren Verlauf die Komplexität stets zunimmt. Am Anfang steht bei Lamarck eine Urzeugung, die *generatio spontanea*, aus der unvollkommene Organismen wie Würmer oder Infusorien hervorgehen; die Weiterentwicklung treibt danach die Erschließung neuer Lebensumwelten an, in die sich Organismen einfinden, indem sie ihre Gewohnheiten ändern und damit einige Organe mehr, andere weniger gebrauchen. Zu Lebzeiten erwerben sie damit neue Eigenschaften, die, nach Lamarck, vererblich sind. »Die Gewohnheiten werden also zur zweiten Natur.«[20] Der Begriff Lamarckismus bezeichnet heute die Vorstellung, dass zu Lebzeiten erworbene Eigenschaften vererbt werden können, eine Theorie, die in der modernen Genetik in dieser Form keine Anhänger mehr findet. Wie wir sehen werden, glaubte auch Darwin an lamarckistische Vererbung. Parallel dazu führte er aber auch das Modell von Variation und Selektion ein, in dem Merkmalseigenschaften zufällig variieren. Nur wenn sich diese als vorteilhaft erweisen, der Organismus also durch die zufällige Ausstattung bessere Überlebenschancen erhält und diese noch dazu im Erbgut verankert ist, kommt es zur Weitergabe an die nächste Generation. In einem Fall, dem Lamarckismus, handelt es sich also um Eigenschaften, die im Laufe des Lebens erworben und dann vererbt werden; im anderen, der später Neo-Darwinismus heißt, um angeborene Anlagen, die bereits vererbt wurden und dann in einem zweiten Schritt ausgesiebt werden oder sich als Überlebensvorteil erweisen.

Aus Lamarcks Konzept folgt auch, dass jede Art über Generationen hinweg einen Entwicklungsweg nimmt, währenddessen sie sich zunehmend vervollkommnet. Die komplexen Arten haben demnach die meisten Stufen durchlaufen, die einfachen die wenigsten. Innerhalb einer solchen Entwicklungslinie hängen die Arten zusammen, nicht jedoch zwischen zwei getrennten Linien. Lamarcks Theorie beinhaltet also keinen gemeinsamen Ursprung aller Arten, wie Darwin ihn später vertreten wird. Im Vorwort der *Entstehung der Arten* verweist Darwin im Zusammenhang mit Lamarck in einer Fußnote auch auf seinen Großvater Erasmus Darwin, der in seiner zweibändigen Schrift *Zoonomia, or the Laws of Organic Life*, erschienen 1794 und 1796, eine Evolutionstheorie in Form eines poetischen Lehrgedichts vorgestellt hatte. Erasmus Darwin beschrieb darin die Naturgeschichte wie Lamarck als Höherentwicklung von Arten, mit einer spontanen Urzeugung am Anfang und der im Anschluss generationsweise fortschreitenden Umwandlung von Organismen. Allerdings umfassten seine Ausführungen dazu nur etwa zehn Seiten. Das Buch war vor allem eine medizinische Abhandlung, die mehrere hundert Krankheiten und ihre Heilungsmethoden erläuterte. Der kurze evolutionstheoretische Passus verpuffte dementsprechend folgenlos in der englischen Naturgeschichtsschreibung, und auch auf Darwins Theorie dürfte er wenig Einfluss gehabt haben. Vielleicht sollten wir uns die Idee des Artenwandels, die Darwins Großvater vertrat, eher wie ein Hintergrundgeräusch vorstellen, das Charles von Kindheit an begleitete.

Während seiner Ausbildung stieß Darwin verschiedentlich auf Lamarcks Evolutionstheorie. Im Studium begegnete er ihr etwa gleich zu Beginn in Edinburgh, wo er zwischen 1825 und 1827 eingeschrieben war. An der liberalen Universität lehrten gleich zwei Evolutionsanhänger, Robert Jameson, Geologieprofessor und Herausgeber des *Edinburgh New Philosophical Journal*, und Robert Edmond Grant, Mediziner und Geologe. Bei beiden hatte Darwin Vorlesungen gehört und Seminare besucht. Noch während er dort studierte, erschien im *Edinburgh New Philosophical Journal* eine positive Rezension der Evolutionstheorie Jean-Baptiste de Lamarcks, die Robert Grant verfasst hatte, aber nicht unter seinem Namen veröffentlichte.

Kurz nach Lamarcks Tod im Jahr 1829 wurde die Theorie außerdem ausführlich von Charles Lyell besprochen, dem Geologen und späteren Förderer Darwins, der zu dem umgekehrten Schluss kam, dass sie wissenschaftlich nicht haltbar sei. Darwin las Charles Lyells *Principles of Geology* während seiner Weltumseglung aufmerksam, die Gedanken des Geologen sollten ihn nachhaltig prägen; zwischen 1831 und 1836 fand er bei der Bordlektüre auf der Beagle also sämtliche Argumente versammelt, die nach Ansicht des bedeutendsten englischen Geologen gegen die Wandelbarkeit der Arten sprachen. Da sie den Stand der Debatte gut zusammenfassen, sollen sie hier kurz wiedergegeben werden.

Die Artkonstanz führten nach Lyell die mumifizierten Tiere Ägyptens vor Augen, die sich, wie Ausgrabungen zeigten, seit Jahrtausenden nicht gewandelt hätten. Einzig ein Klimawandel gleich dem, der sich zur Zeit der Dinosaurier ereignet habe, könne zum Aussterben von Organismen und zur Entstehung von neuen führen, dabei handele es sich allerdings um Änderungen, die im Plan der Schöpfung vorgesehen seien. Was die Geologie betraf, stellte Lyell die bis heute als »Aktualismus« bekannte und gültige Lehre auf, dass die Änderungen der Erdoberfläche auf Kräfte zurückzuführen seien, die auch in der Gegenwart beobachtet werden können. Damit schloss er biblische Katastrophen wie die Sintflut als mögliche Erklärung aus; zudem lehrte Lyell, dass es kleine Ursachen gewesen seien, die große Wirkungen in der Erdgeschichte zur Folge hatten wie etwa eine jahrtausendlange durch Wind verursachte Bodenerosion. Für die Annahme, dass sich nicht nur Küsten, Bergformationen oder Ozeane veränderten, sondern auch Finken, Spottdrosseln oder Schildkröten, sah er jedoch keinen Anlass. Die versteinerten Organismen der Erdgeschichte zeugten von dem Aussterben alter Arten und dem

Auftreten neuer. Dafür, dass es die alten waren, die sich in neue gewandelt hätten, sprach nach Lyells Ansicht nichts.

Darwin teilte zuerst die Ansicht, dass Lamarcks Theorie keine Argumente vorgebracht habe, die an der Konstanz der Arten zweifeln ließen. Während der gesamten Reise hielt er selbst daran fest, und so hatten offensichtlich weder Grant noch Jameson noch Erasmus Darwin oder Lamarck einen bleibenden Eindruck bei ihm hinterlassen. Sein Verhältnis zu dem französischen Naturforscher blieb im Übrigen zwiespältig, noch später notierte er in sein Exemplar von Lamarcks *Histoire naturelle des animaux sans vertèbres* in aufgebrachtem Stakkato: »Dieser Band keine Fakten, wilde metaphysische Spekulationen – sehr dürftig.« In einer weiteren Anmerkung urteilte er über Lamarcks *Philosophie zoologique*: »Sehr dürftiges & nutzloses Buch.« »Es ist zweifelhaft«, schrieb er schließlich, »ob Lamarck mehr genutzt hat, indem er das Thema aufbrachte, oder geschadet, indem er so viel schrieb mit so wenig Fakten.« (Mar, 447 [Darwins Hervorhebung]) In bewusster Abgrenzung dazu wird Darwin zwanzig Jahre damit zubringen, Fallbeispiele und Belege zu sammeln, bevor er 1859 *Die Entstehung der Arten* veröffentlicht. Das Buch verfügte damit über einen Datenberg, den Widerlegungsversuche seiner Gegner bis heute nicht abtragen konnten. Zusammenfassend lässt sich also sagen, dass Lamarck vermutlich – ebenso wie Grant oder Erasmus Darwin – eine Rolle für Darwin spielte, insofern er ihn grundsätzlich mit einem Evolutionsmodell konfrontierte. Der Franzose hatte eine Alternative zur Artkonstanz formuliert, über die Naturforscher nachdenken konnten – auch wenn sie zu einem ablehnenden Urteil kamen. Die Vorstellung einer gesetzmäßig fortschreitenden Höherentwicklung übernahm Darwin jedoch nicht: Arten konnten in seinem Modell über Generationen sowohl unverändert bleiben als auch unterschiedliche Entwicklungswege einschlagen. Bei Lamarck gab es nur eine Entwicklungsrichtung, bei Darwin zahlreiche – oder eben gar keine.

Von nun an müssen wir Darwin ein wenig über holprige Straßen begleiten. Auf dem Weg zur Evolutionstheorie folgte er kaum einer geraden Linie. So wie sich Darwin vielleicht als junger Mann wünschte, die großen Werke der Geschichte gelesen zu haben, darunter der genannte Aristoteles, so wünschen wir uns, ihn in der Tradition von großen Denkern zu sehen. Die Vorstellung aber, dass es in der Geschichte Geistesströmungen gibt, die wie Flüsse die Jahrhunderte durchfließen, ineinandermünden und sich zu immer breiteren Wassern zusammenschließen, trifft in Darwins Fall sicherlich nicht zu. Er las vor allem zeitgenössische Autoren, Unmengen von Fachliteratur, darunter aber überwiegend Autoren, die heute fast vollkommen unbekannt sind. In der Forschung wurde diese Lektüre ausführlich aufgearbeitet, wodurch Darwins erstaunliche Gabe, wie ein Magnet aus jedem Blechhaufen das Eisen herauszuziehen, deutlich geworden ist.[21] Seine Bücher und Zeitschriften, die bis heute im Archiv der Cambridge University Library aufbewahrt sind, versah er mit unendlich vielen kleinen Anmerkungen, auf Zettelchen klebte er eine Unzahl von Exzerpten ein. Er selbst beschrieb seinen Geist als eine Maschine, »wie gemacht dafür, allgemeine Gesetze knirschend aus großen Tatsachensammlungen herauszumahlen [...]« (ML, 145).

Uns soll es an dieser Stelle genügen, auf ein weiteres Beispiel näher einzugehen. Charles Lyell und dessen Theorie der sich summierenden Unterschiede hatten wir bereits benannt, es war ein der Geologie entlehntes Denkmodell, das Darwin für die Biologie fruchtbar machte. Neben Lyell geht der bedeutendste Einfluss sicherlich auf Karl Ernst von Baer zurück, dessen Theorie wir nun als zweites Beispiel etwas ausführlicher vorstellen.

Wenn auch der Name heute nicht mehr sehr vielen geläufig ist, handelt es sich bei Karl Ernst von Baer, Professor für Naturgeschichte und Zoologie in Königsberg, in der Wissenschaftsgeschichte um keinen Unbekannten. Seine embryologischen Studien, die er von 1828 bis 1837 in dem zweibändigen Werk *Über die Entwicklungsgeschichte der Thiere* ausführte, bereiteten den Boden für die Theorie, die Phylogenese wiederhole die Ontogenese. Phylogenese bezeichnet dabei die stammesgeschichtliche Entwicklung der Gesamtheit aller Lebewesen, die Ontogenese die Individualentwicklung, also die Entwicklung des einzelnen Lebewesens von der befruchteten Eizelle zum erwachsenen Organismus. Gemeint ist damit, dass Organismen während ihrer Entwicklung Stadien durchlaufen, in denen sie Tieren oder Pflanzen in der Erdgeschichte ähneln. Eine wenige Wochen alte befruchtete Eizelle etwa kann am Anfang wie ein einfacher Organismus zu Beginn der Evolutionsgeschichte aussehen. Die sogenannte Rekapitulationstheorie wird meistens dem Zoologen Ernst Haeckel zugeschrieben, was insofern stimmt, als er sie in zahlreichen Schriften und vor allem Bildern am detailliertesten entwickelte.[22] Haeckel münzte auch die beiden Begriffe »Phylogenie« und »Ontogenie«. Allerdings betont Darwin in seiner Autobiografie, welche Bedeutung diese Einsicht schon vor Haeckel für seine Evolutionstheorie hatte, und bedauert, den Gegenstand in der *Entstehung der Arten* nicht umfangreicher behandelt zu haben (ML, 130). Wir sollten ihn dabei also ernst nehmen, auch wenn jetzt der Weg, wie angekündigt, etwas steinig wird.

Gelesen hatte Darwin Karl Ernst von Baer nämlich, wie auch schon Aristoteles, höchstwahrscheinlich nicht im Original, sondern vermittelt – in Form von zwei Aufsätzen, die im Januar und April 1837 im *Edinburgh New Philosophical Journal* erschienen. Im Anschluss an die von Wissenschaftlern umkämpfte Frage, nach welchen Kriterien Tiere und Pflanzen zu klassifizieren seien, wurde dort von dem englischen Mediziner Martin Barry mit Bezug auf von Baer vorgeschlagen, die Tierwelt nach Merkmalen aus der Embryonalentwicklung zu ordnen. Laut Barry folgte die Organisation der Organismen nicht vorrangig dem Prinzip der Anpassung, nach dem die Tiere vom Schöpfer funktionstüchtig für ihre Umwelt entworfen worden waren, sondern dem Prinzip der Form. Demnach ließ sich das Tierreich in idealtypische Formen oder Archetypen unterteilen, die sich in den Stadien der Embryonalentwicklung zeigten. Von Baers embryologische Forschungen, so Barry, hätten bewiesen, »daß in allen Klassen des Tierreichs, vom Einzeller bis zum Menschen, die Keime zu Beginn *grundsätzlich den selben Charakter* haben; und daß sie eine gleichartige oder allgemeine Struktur teilen«[23]. Dies bedeutete, dass jedes Tier den gleichen Anfang nahm und erst im Verlauf der Entwicklung die ordnungstypischen Merkmale ausprägte. Maßgeblich für die Klassifizierung der Organismen sei daher die Embryologie. Nicht der erwachsene Organismus, sondern allein der sich entwickelnde gebe Aufschluss über die Ähnlichkeit der Tiere untereinander.

Für uns, die wir mit Darwin groß geworden sind, klingt die Beobachtung, dass »Keime zu Beginn *grundsätzlich den selben Charakter* haben« und erst im Lauf der Zeit ihre artspezifische Ausprägung entwickeln, einer Evolutionstheorie zum Verwechseln ähnlich. Das ist aber nicht der Fall. Wenn von Baer – oder Barry in seinem Namen – von Entwicklung sprach, meinte er einen Prozess, den wir uns wie die Ausführung einer Konstruktionszeichnung vorstellen müssen. Das Werden von Organismen, so sahen es von Baer und Barry, folgte sowohl in der Individualentwicklung wie in der Stammesgeschichte einem göttlichen Plan. Dass beide sich in vielerlei Hinsicht entsprachen, hieß nur, dass die Naturgeschichte einem festgelegten Regelwerk folgte. Die Grundformen, die dabei sichtbar wurden, nannten von Baer und Barry Archetypen. Sie verhielten sich wie Grundrisszeichnungen zu

Häusern, die sich in der Architekturgeschichte auch ähneln mögen, jedoch nie auf natürliche Weise auseinander hervorgehen. »Alle endliche Existenz setzt planvolle Schöpfung voraus«, schloss Barry. Die Ausdifferenzierung des Typus, sowohl in der Individualgenese als auch in der Erdgeschichte, war kein Evolutionsprodukt, sondern folgte einem festgelegten Schöpfungsplan.

Die Forschungsergebnisse erläuterte Barry anhand von mehreren ungewöhnlichen Diagrammen, die sowohl den gemeinsamen Ursprung als auch die allmähliche Ausdifferenzierung im Bild zeigten. Wichtig wurde davon vor allem ein großes, sich verzweigendes Diagramm, das fast eine ganze Seite füllte und Darwin mit hoher Wahrscheinlichkeit als Vorlage für seine erste Evolutionsskizze in *Notebook B* diente (Abb. 4). Dieses Vorbild für das, was man später Stammbaum nennen wird, wollen wir deshalb näher betrachten.

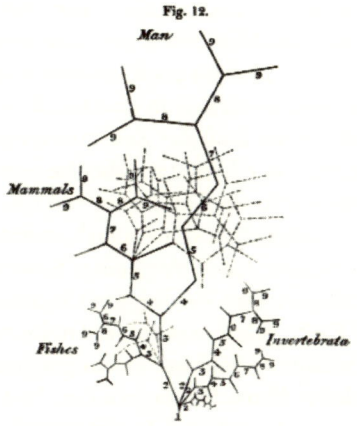

Abb. 4: Martin Barrys »Baum der Tierentwicklung« vom April 1837

Allgemein gesprochen zeigt das Diagramm die Ausdifferenzierung der Tierklassen im Laufe der Organismusentwicklung. Barry nannte es in naturhistorischer Tradition den »Baum der Tierentwicklung« (»The Tree of Animal Development«). Der Gang vom Allgemeinen zum Speziellen erfolgte über neun mit Zahlen gekennzeichnete Stufen, in denen die Entwicklung von der Ordnung über Familie, Gattung, Art bis hin zum Individualorganismus abgeschritten wird. Am Beginn steht das Allgemeine, die Ordnung; am Ende der filigranen Zweige das Spezielle, das Individuum. Wie wir dem Diagramm ablesen können, durchlaufen Fische, Vögel und Säugetiere, den Menschen eingeschlossen, bestimmte Etappen ihrer Entwicklung gemeinsam.

In England wurde dieses Diagramm nun von vielen Forschern aufgegriffen, es kehrte sogar in Handbüchern wieder und fand dadurch weite Verbreitung, 1841 etwa in den *Principles of General and Comparative Physiology* des Physiologen William Benjamin Carpenter. Bevor wir aber zu dem berühmtesten Adepten, Charles Darwin, zurückkehren, muss noch ein anderer Autor eingeführt werden, der 1844 die nächste Version von Barrys Diagramm in einem Buch mit dem Titel *Natürliche Geschichte der Schöpfung des Weltalls, der Erde und der auf ihr befindlichen Organismen* vorstellte. Robert Chambers ist der Name, den man sich in Zusammenhang mit Darwin unbedingt merken sollte. In manchen Büchern wird es noch immer so dargestellt, als sei Darwin in England der Erste gewesen, der eine Öffentlichkeit, die bis dahin an die Sintflut glaubte, mit einer Evolutionstheorie konfrontierte. Tatsächlich ging es aber in der Debatte im 19. Jahrhundert längst nicht mehr darum, ob die biblische Überlieferung in wörtlicher Auslegung wahr sei oder nicht; schon damals stellten sich die wenigsten Gläubigen das Paradies als realen Ort vor oder die Sintflut als ein datierbares erdgeschichtliches Ereignis. Der Bibelfundamentalismus, wie wir ihn aus den Vereinigten Staaten kennen, ist eher eine heutige als eine viktorianische Angelegenheit. Dass seit Lamarck und Erasmus Darwin Evolution ein Alternativmodell war, über das in der Naturgeschichtsschreibung nachgedacht wurde, bewies das Buch *Natürliche Geschichte der Schöpfung*. Dass es – im Gegensatz zu Darwins Veröffentlichungen – den meisten heute kein Begriff ist, scheint angesichts des Erfolgs ganz unverhältnismäßig: Die *Natürliche Geschichte der Schöpfung* entwickelte sich zum Bestseller mit zahlreichen Auflagen und verkaufte, obwohl von der Fachwelt vernichtend kritisiert, noch bis 1891 mehr Exemplare als *Die Entstehung der Arten*.

Vertreten wurde darin eine Evolutionstheorie, nach der sich Arten einem inhärenten Bildungstrieb folgend kontinuierlich höherentwickeln, der Fisch etwa zum Reptil oder das Reptil zum Vogel. Erst 1890, acht Jahre nach Darwins Tod und weit über vierzig Jahre nach Erscheinen des Buchs, wurde der anonyme Autor als Robert Chambers enttarnt, ein schottischer Publizist und Verleger aus Edinburgh – wo ja auch Darwin studiert hatte und mit der Evolutionstheorie durch Robert Grant zum ersten Mal in Kontakt kam. Dank des englischen Wissenschaftshistorikers James Secord kennen wir inzwischen die gesamte Entstehungsgeschichte des Buchs und auch die Vorsichtsmaßnahmen, die Chambers unternahm, um seine Identität zu schützen. Er ließ etwa sein Manuskript von einer zweiten Person abschreiben, bevor er es zum Verlag gab, damit ihn die Handschrift nicht verriet, und verbrannte die mit dem Verlag geführte Korrespondenz. Kommuniziert wurde in Briefform nur über Mittelsmänner, zwei Eingeweihte aus Chambers engstem Freundeskreis.[24] Hinter der Entscheidung, ungenannt bleiben zu wollen, standen handfeste Überlegungen. Chambers' verlegerische Tätigkeit hing von christlichen Lesezirkeln ab, und ein Boykott seiner Schriften hätte ihn ruiniert; er war selbst kein Naturwissenschaftler, sondern ein Laie ohne Verbindungen ins naturforschende Establishment. Chambers fürchtete also um seinen Ruf, die Zukunft seines Verlags und seiner Familie.

Sein Fall ist in zwei Hinsichten aufschlussreich: zum einen, weil mit ihm deutlich wird, welche publizistischen Wellen die Evolutionstheorie schon vor 1859 schlug; zum anderen, weil er vor Augen führt, aus welcher privilegierten Situation heraus Darwin schrieb. Im Gegensatz zu Chambers war er wissenschaftlich gut vernetzt und dazu finanziell unabhängig.

Uns interessiert hier, dass sich Chambers ebenfalls auf Karl Ernst von Baer bezog und seine Evolutionstheorie eben nach dem Vorbild des Diagramms schuf, das auch Darwin anregte: In seinem Buch zeigte Chambers seinen Lesern ein kleines viersprossiges Diagramm (Abb. 5), dem er eine doppelte Funktion zuwies. Zum einen repräsentierte es die Embryonalentwicklung, zum anderen die historische Genese der Ordnungen im Tierreich. Dieselbe Abfolge, die sich in der Embryonalentwicklung beobachten ließ, von einfachen, anfänglichen Formen hin zu immer komplexeren, zeigten auch die Fossilfunde. In den Tiefenschichten der Erdkruste fanden sich ebenfalls zuerst einfache Organismen, denen mit jeder jüngeren Schicht immer komplexere Organismen folgten, vom Fisch über das Reptil hin zum Vogel und zum Säugetier. Auch Chambers nahm deshalb die Ontogenese als Modell für die Phylogenese. Die Differenzen zwischen den Ordnungen in der Tierwelt, die von den meisten Naturhistorikern der Zeit für unüberbrückbar gehalten wurden, schmolz er ein: »Es ist klar: das einzige Erforderniß für die Erhebung von einem Grad auf den anderen in dem Entstehungsproceß liegt darin, daß z. B. der Fischembryo bei D nicht ablenke, sondern, ehe er ablenkt, nach C gehe – in welchem Fall dann kein Fisch, sondern ein Reptil entstehen würde.«

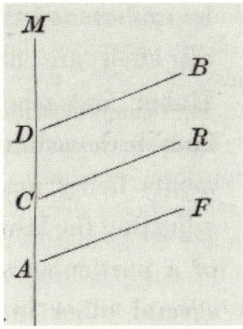

Abb. 5: Robert Chambers'
Evolutionsdiagramm von 1844

Das »Gesetz der organischen Entwicklung«, wie Chambers es nannte, wurde in erdgeschichtliche Dimensionen übertragen: »Die einfachsten, ursprünglichsten Wesenstypen veranlaßten, unter der Herrschaft eines Gesetzes, [...] die Entstehung von Typen, die ihnen in Betreff der Zusammensetzung der Organisation und der Ausrüstung mit Fähigkeiten überlegen waren; diese nun erzeugten die nächst höheren, und so fort bis zu den höchsten.«[25]

Die Erzeugung des »nächst höheren Typus« stellte sich Chambers als eine verlängerte Schwangerschaft vor, in der ein Organismus zur nächsten Stufe heranreift, der Fisch etwa zum Reptil. »Die Idee eines Fisches, der sich in ein Reptil verwandelt (seine Idee), monströs«, notierte Darwin in sein Exemplar der *Natürlichen Geschichte der Schöpfung* (Mar, 164). Chambers deutete die Geschichte des Lebendigen also als einen Prozess ständiger Höherentwicklung, an dessen Ende die Ordnung der Säugetiere stand.

Im Hinblick auf die Frage, welche Evolutionstheorien vor Darwin bereits kursierten, können wir die Gemeinsamkeiten und Unterschiede an den Diagrammen auf einen Blick erkennen. Beide, sowohl Darwin als auch Chambers, bezogen sich auf den Entwurf von Barry. Bei Barry meinte die Ziffer »1« den von Baer'schen Archetyp, eine gedachte Einheit der Organismen oder den ideellen göttlichen Plan der Tierwelt. Bei Darwin und Chambers hingegen meinte die »1« einen tatsächlichen historischen Ursprung, den Anfang der Evolutionsgeschichte. Aus dem Archetyp machten sie einen Ahnen, aus dem Prinzip einen Anfang. Die Embryonalentwicklung wurde zum Modell für die Stammesgeschichte.

Doch auch wenn Chambers' und Darwins Evolutionstheorie, übertragen gesprochen, mit Barrys Diagramm einen gemeinsamen Vorfahren teilten, spalteten sich die daraus folgenden Entwürfe in zwei unterschiedliche neue Arten auf: Chambers dörrte Barrys Vorlage zu vier mageren, ordentlich gesetzten Strichen aus und gab die radial auseinandertreibenden Entwicklungslinien zugunsten von starren Winkeln und steil aufsteigenden Diagonalen auf. Evolution wurde so zur Fortschrittsgeschichte und Höherentwicklung. Darwin dagegen steigerte die Überfülle der Vorlage, als er 1837 in *Notebook B* seine erste Evolutionsskizze zu Papier brachte, zur Unordnung. Die Entwicklungslinien schlugen in seinem Diagramm in alle Richtungen aus, mal kürzer, mal länger, ohne bestimmbares Ende oder eine Zielvorgabe. Zusätzlich hatte er das Prinzip der Zerstörung in sein Bild mit aufgenommen; gezeigt wurde nicht nur die Entwicklung der Arten, sondern ebenso ihr Aussterben. Dort, wo Linien, ohne mit einem Querstrich abgeschlossen zu werden, ins Leere ragten, handelte es sich um ausgestorbene Entwicklungsstränge, die toten Enden einer abgebrochenen Generationenfolge. In die teleologische und regelmäßige Ordnung brachen damit Zufall, Variation und Aussterben ein.

Chambers und Darwin verband, dass beide, abgeleitet von der Embryonalentwicklung, eine Theorie des stammesgeschichtlichen

Artenwandels vertraten, die ihren Anfang in einem gemeinsamen Ursprung nahm. Den Ablauf dieses Wandels steuerte bei Chambers jedoch ein Bildungstrieb, bei Darwin Variation und Selektion. Der Mechanismus, dessen Wirken das Aufeinandertreffen und Abreißen von Linien verzeichnet, heißt nach der Lektüre von Thomas Robert Malthus »natürliche Selektion«. Doch noch bevor Darwin im September 1838 den *Essay on the Principle of Population* des britischen Ökonomen las und dessen Begrifflichkeit übernahm, brachte er die Elemente seiner Evolutionstheorie im Bild zusammen, in den suchenden und ausufernden Tintenstrichen des Sommers 1837.

Was den Anteil von Malthus an Darwins Theorie betrifft – auch er wird häufig als ein Vorläufer angeführt –, ist die jüngere Wissenschaftsgeschichte dazu übergegangen, dem britischen Ökonomen weniger Bedeutung zuzumessen. Unzweifelhaft ist, dass Darwin von ihm die Begrifflichkeit des »struggle for existence« übernahm. Mit Blick auf das Diagramm aber sehen wir, dass die Selektion schon vorher in seine Evolutionstheorie eingegangen war. Sowohl Überproduktion als auch Aussterben waren in der Naturgeschichte bekannte Phänomene. Jeder Forscher wusste, dass im Tierreich stets mehr Nachkommen erzeugt werden, als schließlich überleben. Die Vernichtung dieses Nachwuchses durch Fressfeinde, Dürren oder Krankheiten wurde ausführlich in Büchern behandelt, Darwin strich sich etwa in William Smellies *Philosophy of Natural History* von 1799 die Stelle über den Kreislauf des »Lebens und der Zerstörung« an. Dass Arten aussterben und damit ganz verschwinden, führten auch die vielen in diesem Zeitraum gefundenen Fossilien vor.

Festzuhalten bleibt, dass es weniger die großen Namen wie Malthus, Lamarck oder Aristoteles waren, die Darwin den Weg zur Evolutionstheorie ebneten. Er folgte vielmehr den zahlreichen kleinen Trampelpfaden, die Forscher in seinem direkten Umfeld angelegt hatten, darunter der schottische Mediziner Martin Barry – ein Name, der uns heute kaum noch geläufig ist. Dabei zeigt sich auch Darwins Talent, andere Forschungsbereiche für seine Theorie fruchtbar zu machen: Genannt hatten wir die Geologie, also eine Wissenschaft, die von der unbelebten Materie handelt, wobei Darwin Lyells Vorstellung der kleinen, sich akkumulierenden Änderungen auf Organismen übertrug. Ähnlich verfuhr er mit der Embryologie: Was in dem Fach Forscher wie Karl Ernst von Baer mit Blick auf die Individualgeschichte von Organismen zusammengetragen hatten, wendete Darwin auf die Stammesgeschichte an. Die Fähigkeit, wie er selbst es nannte, aus großen Tatsachensammlungen »allgemeine Gesetze knirschend herauszumahlen«, bezeugen diese Beispiele.

2. Die Sammlung der H.M.S. Beagle

Bisher haben wir uns vor allem bei Büchern aufgehalten, von Charles Lyells *Principles of Geology* bis zu Karl Ernst von Baers *Entwicklungsgeschichte der Thiere*. Wie gesagt, Darwin las außerordentlich viel und breit, seine Bibliothek wuchs in rasendem Tempo. Dennoch wäre es falsch, sich vorzustellen, dass die Evolutionstheorie zwischen Büchern, beim Lesen und Nachdenken entstanden wäre. Grundlegend dafür, dass Darwin begann, über Evolution nachzudenken, waren seine Aktivitäten als Sammler. Allerdings gab dabei weniger das Sammeln auf Reisen den Ausschlag, sondern eher das Ordnen der Sammlung beim Nachhausekommen.

Unser Bild von Forschungsreisenden ist häufig von einem romantischen Blick geprägt, der Vorstellung, dass Neugier und Wissensdurst als Grund für das Auslaufen von Schiffen gereicht hätten und die Welt umsegelt worden sei, um den intellektuellen

Fortschritt der Menschheit zu befördern. Von der Wahrheit ist das weit entfernt. Angefangen bei Maria Sybilla Merian, eine Frankfurter Malerin, die mit ihrer Tochter von 1699 bis 1701 das südamerikanische Surinam bereiste, bis zu Alexander von Humboldt, der ein Jahrhundert später für seine Fahrten nach Südamerika berühmt wurde, standen im Hintergrund solcher Expeditionen stets handfeste wirtschaftliche oder politische Interessen: Rohstoffe sollten entdeckt, Plantagen ausgeguckt, Kartenwerke erstellt oder Handelsbeziehungen geknüpft werden. Wissenschaftliche Entdeckungen müssen wir uns als Nebenprodukte solcher Reisen vorstellen, auch wenn sie im Fortlauf der Geschichte mehr Bedeutung erlangen als der ursprüngliche Reisegrund.

Die H.M.S. Beagle, die im Dezember 1831 von England die Weltreise antrat, hatte ursprünglich nicht den Auftrag, den Forschungsreisenden Charles Darwin über die Meere zu befördern. Ausgerüstet mit dem modernsten technischen Gerät sollte die Besatzung unter der Kommandantur von Kapitän Robert Fitz-Roy den exakten Verlauf des Längengrads durch das brasilianische Bahia, das heutige Salvador, klären, den französische und englische Kartenwerke abweichend verzeichneten. Mehr als die Hälfte der Zeit verbrachten der Kapitän und seine Mannschaft damit, die Küste Südamerikas zu kartografieren oder bestehende Karten zu präzisieren. Während der Reise kreuzte die Beagle mehrfach die Wege anderer Schiffe, die ebenfalls unter englischer Flagge an der südamerikanischen Küste entlangsegelten. Im Zeitraum zwischen 1831 bis 1835 fuhren allein zweihundertfünfzig britische Handelsschiffe nach Südamerika, um Waren abzusetzen und Rohstoffe einzukaufen; der Beagle waren in kurzem Abstand zwei weitere Forschungsschiffe gefolgt, die ebenfalls den Auftrag hatten, Karten zu erstellen, das Landesinnere zu erfassen und nach Bodenschätzen Ausschau zu halten. Für das Schiff war es bereits die zweite Fahrt, der erneute Versuch, eine Forschungsreise abzuschließen, die Jahre zuvor ein tragisches Ende genommen hatte: Der erste Kapitän des Schiffes erschoss sich bei einem Aufenthalt in Tierra del Fuego, Feuerland, Tausende Kilometer vom englischen Mutterland entfernt, und hinterließ eine an Skorbut erkrankte Mannschaft und ein Labyrinth fehlerhafter Karten und Aufzeichnungen. Zu seinem Nachfolger wurde der junge Kapitän Robert FitzRoy bestellt, der das Schiff zuerst sicher nach England zurückbrachte und schließlich bei der zweiten Expeditionsreise ganz übernahm. Der zweiundzwanzigjährige Darwin wurde als Reisebegleiter des Kapitäns an Bord gebeten, da sich FitzRoy einen in Stand und Bildung gleichwertigen Gentleman ausgebeten hatte, um ihn auf der Fahrt vor der Vereinsamung zu bewahren, die seinen Vorgänger in den Selbstmord getrieben hatte; nach Anbruch der Reise fiel Darwin jedoch bald die Funktion des Bordnaturalisten zu.

Von Kind an ein begeisterter Sammler und mit dem wissenschaftlichen Sammeln durch sein Studium vertraut, stellte der junge Darwin an Bord gewissenhaft jedes Objekt, das während der Reise gesammelt wurde, in eine taxonomische Ordnung und gab ihm einen vorläufigen Namen. Die Aufgabe jedoch, endgültig die Artzugehörigkeit aller Sammlungsexemplare festzustellen, überstieg die Expertise eines einzelnen, noch dazu unerfahrenen Zoologen bei Weitem. Darwins Tätigkeit als Bordnaturalist bestand daher weniger im Bestimmen der Arten als im Planen, Verwalten und Protokollieren von Sammlungsstücken. Auf See sortierte er, was in die Netze ging, überwachte die Konservierung der ausgewählten Funde und nummerierte diese anschließend. Auf dem Festland unternahm er selbst ausgedehnte Expeditionen oder wies, wenn er nicht persönlich auf Jagd ging, seine Diener an, welche Tiere zu jagen, zu sammeln und zu präparieren seien. Er selbst band den an Bord gebrachten Stücken mit einer Schnur ein Papierschildchen um, auf dem er eine Nummer notierte. Die Nummer wiederum korrespondierte mit einem Eintrag im Katalog, wo üblicherweise Name, Fundort und Datum des gesammelten Objekts aufgenommen wurden. Bei den Namen gab er abwechselnd die englische, lateinische oder lokale – zumeist spanische – Bezeichnung an. Dort, wo er den lateinischen Namen anführte, unterliefen Darwin in seinen ornithologischen Notizen die meisten Fehler. Den vorläufigen Katalogen, die Darwin während der Reise anlegte, um über die gesammelten Pflanzen und Tiere Buch zu führen, ist weiter zu entnehmen, dass er von den insgesamt dreizehn heute so genannten Darwinfinken, die auf den Galápagosinseln leben, nur sechs als Finken klassifizierte: Er führte sie unter anderem als Amsel, Grasmücke oder Zaunkönig.[26] Über diese Fehler wurde er erst in London aufgeklärt. Bei den meisten Vögeln, die er auf den Inseln sammelte, versäumte er zudem, den Fundort zu notieren. Zu seinem späteren Bedauern war es ihm daher nie mehr möglich, genau anzugeben, auf welche Weise die Tiere von Insel zu Insel variieren. Die einzelnen Arten konnten ihrem ursprünglichen Lebensraum nicht mehr zugeordnet werden.

Im Ganzen erwies sich die zweite Expedition der Beagle als großer Erfolg. Der Ertrag der Reise bestand nicht nur in neuen Kartenwerken, sondern auch in einer wertvollen Sammlung von Tieren, Pflanzen, Mineralien und Fossilien aus den Ländern, die man auf der Fahrt besucht hatte. Da die Beagle ein eher kleines Schiff war, ein Zweimaster von nur dreißig Metern Länge und etwa acht Metern Breite, blieb bei einer 74-köpfigen Mannschaft wenig Platz zum Lagern der Sammlung. Viele Kisten wurden von unterwegs vorausgeschickt, ein paar wenige gelangten im Bug des Schiffes nach England. Der Ruf, die Mannschaft der Beagle sei in Südamerika auf außergewöhnliche Funde gestoßen, eilte ihrer Rückkehr voraus. Der Schädel eines fossilen Riesenfaultiers etwa, den man 1832 in Argentinien gefunden und umgehend nach England geschickt hatte, wurde bereits im Sommer 1833, drei Jahre vor der eigentlichen Rückkehr, beim Treffen der British Association for the Advancement of Science (BAAS) in Cambridge ausgestellt.

Eine Forschungsreise nach Südamerika benötigte jedoch keine Sensation, um das Interesse der Öffentlichkeit zu wecken. Seit Alexander von Humboldts Reiseberichten *Reise in die Aequinoctial-Gegenden des neuen Continents oder Ansichten der Natur* durften sich Südamerikareisende einer breiten Anteilnahme sicher sein. Der Kontinent galt als Traumland der Naturhistoriker, seine Tropen als Inbegriff von Exotik und Abenteuer. Humboldts schwärmerisch-romantischer Ton, in dem er zu Beginn des 19. Jahrhunderts die Tropen beschrieben hatte, lockte Generationen von Forschern in die Ferne. Die Zuhausegebliebenen, ganz gleich ob Laie oder Experte, warteten sehnsüchtig auf neue Nachrichten von der flirrenden Schönheit Brasiliens, Argentiniens, Chiles oder Patagoniens. »Wie eine andere Sonne beleuchtet er alles, was ich sehe«, schilderte auch der später berühmteste Mitreisende an Bord der Beagle, der junge Cambridgeabsolvent Charles Darwin, den Eindruck, den Humboldts Schriften bei ihm hinterließen. Acht Monate bevor das Schiff auslief, schrieb er seiner Schwester Caroline: »Morgens gehe ich in die Gewächshäuser und schaue die Palmen an und komme nach Hause und lese Humboldt: meine Vorfreude ist so groß, dass ich kaum still auf meinem Stuhl sitzen kann.« Zur Ruhe könne er erst wieder kommen, fuhr er fort, wenn er Humboldts großen Drachenbaum mit eigenen Augen gesehen habe (Corr 1, 122). Zu dem Zeitpunkt jedoch, als er sein Tropenfieber in den beheizten Gewächshäusern von Cambridge ausschwitzte und über zukünftige Entdeckungen und Abenteuer brütete, hatte er England noch nie verlassen. Die Welt sollte er umsegeln, das kontinentale Europa betrat er Zeit seines Lebens nicht. Darwin lernte Rio de Janeiro, Montevideo,

St. Helena oder Sydney kennen, nie aber Rom, Paris oder Berlin. An Alexander von Humboldt schickte Darwin, als 1839 sein Reisebericht auf Englisch erschien, ein Exemplar mit Widmung und erhielt von seinem großen Vorbild ein langes, in französischer Sprache abgefasstes Dankesschreiben. Darin lobte ihn Humboldt für seine »glückliche literarische Veranlagung«. »Nach der Wichtigkeit Ihrer Arbeit«, schrieb Humboldt, »wäre das der größte Erfolg, den meine schwachen Arbeiten erreichen konnten.«[27] Die Verbeugung des Deutschen war vielleicht etwas zu tief, sie drückte aber wohl dennoch eine ehrlich empfundene Begeisterung aus. Humboldt starb im Mai 1859, Darwins *Entstehung der Arten* erschien erst im November des Jahres, und so sollte der bei seinem Tod fast neunzigjährige Forscher nicht miterleben, wie recht er mit seiner Einschätzung behalten sollte.

Der Reisebericht, den Darwin erst drei Jahre nach seiner Rückkehr publizierte, nachdem er also große Teile seiner Sammlungen und Notizen ausgewertet hatte, ist die eine Sache – was aber lernte Darwin auf der Reise? Der direkte Ertrag bestand in Mineralien, Korallen, Fossilien, Säugetieren, Reptilien, Amphibien, Wirbellosen und Pflanzen. Alles in allem 1529 Stücke in Spiritus eingelegt, 3907 getrocknete, was auch die vielen Tiere umfasst, die nur in Teilen gesammelt wurden, der Panzer einer Schildkröte etwa, die Knochen eines Säugetiers oder die abgezogene Haut eines Vogels. Dazu kamen außerdem 15 Feldnotizbücher, 770 Seiten Tagebuch, 368 Seiten zoologische Aufzeichnungen, 200 Seiten über wirbellose Meerestiere und umfangreiche geologische Notizen.[28] Sie enthalten vielfältige Ideen, die meisten davon aber in noch unausgearbeitetem Zustand. Das Reisen, das schaukelnde Schiff, die fremden Länder und Sitten wurden erst nach der Ankunft in London von Arbeitszimmer, Schreibtisch, Bibliothek und dem Austausch mit Fachleuten abgelöst, die den Bewegungsradius innerhalb weniger Kilometer im Stadtzentrum absteckten. Die Sesshaftigkeit schuf zugleich die Bedingung der Möglichkeit für das neue Theorieprojekt.

Die insgesamt zwölf Kataloge, die der junge Darwin während der Reise angelegt hatte, um über die gesammelten Pflanzen und Tiere Buch zu führen, waren nur vorläufig. Dass auf der Expeditionsreise der Beagle bisher unbekannte Tiere und Pflanzen entdeckt werden würden, stand außer Frage. Universalisten wie Carl von Linné, jener große schwedische Naturforscher des 18. Jahrhunderts, der noch die gesamte Flora und Fauna sowie das Reich der Mineralien bestimmt hatte, gab es angesichts der gigantischen Menge an Neuzugängen, die beschrieben und klassifiziert werden mussten, kaum noch. Für jede Abteilung im Tier- und Pflanzenreich hatten sich Spezialisten herausgebildet, so dass neue Arten immer seltener während einer Expedition entdeckt wurden, sondern erst nach der Rückkehr – im Museum. Vor Ort, Tausende Kilometer von den zoologischen Sammlungen entfernt, ohne die Möglichkeit, das Tier mit anderen ähnlichen abzugleichen, konnte nur schwer entschieden werden, ob es sich bei einem Exemplar um eine neue Art handelte, die noch nicht beschrieben worden war, oder um eine bereits bekannte. Kaum ein Käfer, Fisch, Frosch, Vogel oder Säugetier sah so verblüffend anders aus, dass man Ende der 1830er Jahre, nach den zahlreichen bereits unternommenen Expeditionsreisen, mit sofortiger Sicherheit feststellen konnte, ob dieses Exemplar noch nie zuvor gesehen oder gesammelt worden war. Was als neu oder sogar sensationell angesehen werden musste, stellte sich häufig erst heraus, wenn ein Stück ins Museum eingeliefert und den dort ansässigen Spezialisten übergeben wurde.

Dementsprechend hatte die Reise wenig wissenschaftliche Höhepunkte. Wie gesagt, rückblickend erwies sich vieles als bedeutender, als zunächst gedacht, aber für diese Einsicht war es eben notwendig, nach England zurückzukehren und sich mit den

Spezialisten auszutauschen. Als einschneidend erlebte Darwin während der Reise sicherlich den Kontakt mit den Feuerländern. An Bord der Beagle reisten bereits drei Feuerländer mit, die einige Jahre in England gelebt hatten und nun in ihre Heimat zurückgebracht werden sollten. Der Unterschied zwischen ihnen – man hatte sie zu Engländern umerziehen wollen – und dem Volk, das auf Feuerland lebte, keine Häuser baute, fast unbekleidet herumlief und nur wenige Werkzeuge besaß, ließ Darwin über Evolution in Kultur und Geschichte nachdenken.

Offensichtlich ahnte er auch, allerdings nachdem er die Galápagosinseln schon verlassen hatte, dass die aus diesem Archipel stammenden Sammlungsstücke einige Sprengkraft bargen. Der Vizegouverneur des Archipels hatte Darwin darauf hingewiesen, dass sich die Landschildkröten von Insel zu Insel unterschieden, er maß dessen Bemerkung jedoch zunächst keine Bedeutung bei. Für die Weiterfahrt nach Tahiti nahm man über dreißig Riesenschildkröten als Proviant mit an Bord, die Tiere wurden während der Reise verzehrt und ihre Überreste ins Meer geschmissen, ungeachtet möglicher Unterschiede in der Form der Panzer.[29] Erst als Darwin im April 1836, kurz nach dem Besuch Australiens und ein halbes Jahr nach Verlassen des Archipels, inmitten des indischen Ozeans damit begann, die Vogelsammlung zu sortieren und in Katalogen systematisch zu ordnen, bemerkte er, welches Verwirrspiel die Galápagosarten mit ihm trieben. Ihre Merkmale schwankten für ihn unentscheidbar zwischen Ähnlichkeit und Verschiedenheit hin und her, ein Oszillieren, dem Darwin mit der zoologischen Systematik nicht beikam. Es waren die Spottdrosseln, die ihn schließlich doch einen Moment lang an der Artkonstanz zweifeln ließen und an die Bemerkung des Vizegouverneurs erinnerten. In Darwins Bordaufzeichnungen heißt es:

»Wenn ich mich an die Tatsache erinnere, dass die Spanier anhand der Form des Körpers, der Panzer & der allgemeinen Größe sofort sagen können, von welcher Insel jede Landschildkröte wahrscheinlich gebracht wurde. Wenn ich die Inseln in Sichtweite voneinander sehe & nur von einer spärlichen Zahl Tiere bevölkert, bewohnt von diesen Vögeln [Spottdrosseln, Anm. J.V.], sich leicht in der Struktur unterscheidend & den gleichen Platz in der Natur füllend, muss ich annehmen, dass es nur Varietäten einer Art sind. [...] denn solche Tatsachen untergraben die Konstanz der Arten.«[30]

Zum Zeitpunkt dieser Aufzeichnung hatte die Beagle allerdings längst die Galápagosinseln verlassen und England noch nicht erreicht. Auf hoher See, Monate von den großen Sammlungen und Spezialisten entfernt, musste die Beobachtung Spekulation bleiben. In den daran anschließenden Notizen verfolgte Darwin den Gedanken nicht weiter. Im Gegenteil: Von der Artkonstanz war er noch im letzten Reisejahr, 1836, überzeugt. Während des Aufenthalts in Australien notierte er in diesem Sinne über den Ameisenlöwen, die Larve eines libellenähnlichen Netzflüglers: »Was sagt der *Un*gläubige jetzt dazu? Würden zwei Werkleute zufällig auf so eine schöne, so einfache & doch so künstliche Einrichtung kommen? Das ist nicht vorstellbar. Die eine Hand gestaltet das gesamte Universum.«[31]

»Die eine Hand«, die Darwin zu sehen meinte, war die des Schöpfers, die den australischen Ameisenlöwen mit der gleichen Technik zum Beutefang ausstattete wie den in Europa heimischen Ameisenlöwen. In Australien wie in Europa gräbt die Larve einen Trichter in den sandigen Boden, in den vorbeilaufende Tiere wie in eine Fanggrube hinabrutschen. Für die beiden Ameisenlöwen, identisch in Aussehen und Verhalten auf den entgegengesetzten Seiten des Globus, fand Darwin 1836 nur eine Erklärung: den Schöpfer, der mit unverwechselbarer Handschrift zweimal dasselbe Tier für Australien und Europa schuf.

Neben der Heureka-Legende, wonach Darwin die Evolutionstheorie auf Reisen einfiel, muss vielleicht auch der Mythos des wissenschaftlichen Sammelns ausgeräumt werden. Natürlich gab es bestimmte Tiere, Pflanzen oder Steine, die Darwin gezielt auswählte, weil er mit ihnen ein wissenschaftliches Interesse verband. Trotzdem darf man sich dieses Sammeln nicht nur als planvolles, forschendes Handeln vorstellen, neben dem Bordnaturalisten selbst beteiligten sich daran auch Kapitän FitzRoy und die Matrosen. Was nicht niet- und nagelfest war, wurde häufig einfach abtransportiert und später in den Schlund des heimischen Nationalmuseums geworfen. Da reisende Europäer selten nach Eigentumsverhältnissen fragten, sammelten sie, wo sie von Bord gingen, solange sie nicht direkt daran gehindert wurden. Das Schiffsaufkommen war im 19. Jahrhundert ungeheuer angewachsen. Mit dem Abzug der portugiesischen und spanischen Kolonialmächte, die über Jahrhunderte den Zugang für andere Länder versperrt hatten, stand Südamerika im Brennpunkt der Handelsinteressen von England, Frankreich oder Österreich. Professionelle Händler kauften den Mannschaften in den Häfen die Stücke ab und handelten damit weiter. Der wissenschaftliche Wert der Güter stellte sich meist erst bei der Rückkehr heraus, wenn überhaupt. Zusammengetragen wurde mehr, als auf Jahrzehnte, vielleicht sogar Jahrhunderte bearbeitet werden konnte. Bis heute befinden sich im Natural History Museum in London, wohin die naturhistorischen Sammlungen des British Museum 1881 ausgelagert wurden, ungeöffnete Kisten aus dieser Zeit des Sammelfiebers. Auch Darwins Beagle-Sammlung ist bis heute nicht vollständig erfasst und ausgewertet. Was Sammeln auf der Beagle auch hieß, lässt sich im Reisebericht von Kapitän FitzRoy nachlesen, der in seinen Aufzeichnungen beschreibt, wie das Schiff im ersten Reisejahr auf St. Paul Rocks anlegte, eine Insel inmitten des Atlantiks. Auf St. Paul Rocks stieß die Mannschaft, darunter FitzRoy und Darwin, auf eine große Vogelpopulation, die, wie auf von Menschen unbewohnten Inseln oft der Fall, keine Angst vor den Eindringlingen zeigte. Die Vögel blieben, wo sie waren, als die Mannschaft die Insel betrat. Der Himmel, erzählt FitzRoy, war schwarz von kreisenden Vögeln, die Felsen von ihnen übersät. Er schreibt weiter:

»Unser erster Impuls angesichts dieser mit Vögeln übersäten Felsen war es, wie Schuljungen um uns zu schlagen; schließlich wurde sogar der geologische Hammer als Waffe benutzt. ›Leihst Du mir deinen Hammer‹, fragte einer in unserer Gruppe. ›Nein, nein‹, antwortete der andere, ›du wirst den Stiel abrechen‹; doch kaum hatte er das gesagt, war er auch schon selbst von der ungewohnten Situation überwältigt und folgte dem Beispiel der anderen, nahm den Hammer und schlug mit der vollen Kraft seines rechten Arms zu.«[32]

Die Vögel von St. Paul Rocks wurden mit Stöcken, Hämmern, Gewehrkolben und zum Teil mit der bloßen Hand erschlagen. Laut FitzRoy gab Darwin zu, die Geschichten über die zahmen Inseltiere, die ohne Fluchtversuch aus nächster Nähe getötet werden konnten, vor diesem Erlebnis nicht geglaubt zu haben. Offensichtlich blieb dies die einzige Einsicht, die von den Vögeln auf St. Pauls Rocks gewonnen werden konnte. In Darwins Schriften tauchten die Tiere nie auf, sie besaßen keinen wissenschaftlichen Wert. Sammeln nahm auf der Beagle-Reise auch die Form des Exzesses an.

3. Die Museumslandschaft im 19. Jahrhundert

Als Darwin Anfang Oktober 1836 nach England zurückkehrte, musste er sich entscheiden, wie die Kisten und Gläser mit Skeletten, Bälgen, Tierhäuten, Fellen, Organen, Fossilien, Käfern, Würmern und Fischen auf die Spezialisten aufgeteilt werden sollten, die bei den zoologischen Gesellschaften und Instituten der Hauptstadt ansässig waren. Für die Bestimmung und Aufbewahrung der Sammlung kamen in London drei Orte in Frage: erstens das British Museum, das berühmte Nationalmuseum Englands, das 1754 gegründet worden war und neben Büchern und antiken Fundstücken auch naturhistorische Sammlungsgegenstände beherbergte; zweitens, nur wenige Fußminuten von der Russell Street entfernt, wo das British Museum liegt, das Hunterian Museum in Lincoln's Inn Fields mit der Sammlung des Royal College of Surgeons, die zum Studium der vergleichenden Anatomie von Wirbeltieren für angehende Ärzte und Naturhistoriker diente; und drittens die jüngste Sammlung, die sich binnen weniger Jahre einen guten Namen gemacht hatte, die Zoological Society, eine neu gegründete Institution im Südwesten des British Museum, die neben einer Museumssammlung mit toten Tieren auch über eine stetig wachsende Sammlung lebendiger Tiere verfügte, den Zoologischen Garten in Regent's Park. Verglichen mit dem British Museum und dem Hunterian Museum war die Zoological Society nicht nur die jüngste Einrichtung, sondern auch die liberalste. Als Mitglieder wurden auch Frauen zugelassen, eine Entscheidung, die andere Londoner Gesellschaften – wie etwa die Linnean Society – bis weit ins 20. Jahrhundert hinein für undenkbar hielten. Neben dem Zoologischen Garten in Regent's Park, der bald zu den Hauptattraktionen der Stadt zählte, organisierte die Gesellschaft auch Ausstellungen ihrer musealen Bestände, um die Kenntnis der Zoologie in der Öffentlichkeit zu befördern und gleichzeitig die eigenen Einnahmen zu steigern.[33]

Vor seiner Abreise hatte sich Charles Darwin das Recht zusichern lassen, frei darüber verfügen zu können, an welche Institution er die Sammlungen, die er während der Reise anhäufen würde, übergab. Die Bitte war ungewöhnlich, da es für ein Expeditionsschiff, das im Auftrag der englischen Krone segelte, bis dahin selbstverständlich war, dass alle Reiseschätze dem Nationalmuseum, dem British Museum also, auszuhändigen seien. Fitz-Roy, der Kapitän der Beagle, der während der fünf Jahre ebenfalls Tiere und Pflanzen gesammelt hatte, lieferte dementsprechend seine Bestände vollständig an das British Museum ab. Darwin hingegen verteilte seine Sammlungen auf die Spezialisten aller drei Institutionen, eine Maßnahme, von der er sich eine schnellere Bearbeitung versprach: Die Fossilien etwa gingen an das Hunterian Museum, die Fische und Reptilien wurden ans British Museum überstellt, die Vögel erhielt die Zoological Society.

Bleiben wir aber noch einen Augenblick bei der Sammlungslandschaft von London. Wie sich schnell herausstellen sollte, hatte sich Darwin getäuscht, als er glaubte, seine Sammlungen würden, indem er sie auf mehrere Institutionen verteilte, zügiger bearbeitet. Gegenüber John Henslow klagte er bereits im Oktober 1836, im Monat seiner Rückkehr von der Weltreise, er könne die Zoologen nicht mehr ertragen – wegen ihres »gemeinen, streitsüchtigen Wesens«. Bei einer abendlichen Sitzung der Zoological Society, fuhr er fort, hätten »sie sich gegenseitig in einer Weise angegiftet, wie es mir mit dem Verhalten von *gentlemen* unvereinbar scheint« (Corr 1, 513f.). Diesen Streit lohnt es sich näher anzusehen, weil er für Darwin schließlich den Anstoß gab, über Artenwandel systematisch nachzudenken.

Der Auseinandersetzung ging der Umbruch im Sammlungswesen des 18. Jahrhunderts voraus, als die privaten Sammlungen durch staatliche Nationalmuseen abgelöst wurden.[34] Aus der Geschichte davor kennen wir die Wunderkammern, zum Beispiel die berühmte des deutschen Kaisers Rudolf II. in Prag um 1600. In seinem Besitz fanden sich sowohl Naturalia wie auch Kunstgegenstände, die Übergänge zwischen beiden waren fließend. Eine

Nussschale von den Seychellen wurde durch Goldschmiedearbeiten in ein Prunkgefäß umgewandelt, ein Moosachat wurde zu einer Schale verarbeitet, von Mauritius ließ man sich einen lebendigen Dodo, den seltenen Drontenvogel, kommen, der nach seinem Tod als Gemälde endete. Von solchen höfischen Kunstkammern unterschied sich das Nationalmuseum, dessen Geburt mit dem Erstarken der Nationalstaaten einherging, in vielen Hinsichten: Kunst- und Naturobjekte wurden getrennt; die Sammlung gehörte nicht einer Privatperson, sondern dem Staat. Das Gewöhnliche, das in den auf Unikate und Raritäten ausgerichteten fürstlichen Sammlungen keinen Platz hatte, machte den Hauptteil der Sammlung aus. Im Auftrag des Staates durchkämmten Forscher, Händler und Wissenschaftler – wie auch Darwin auf der Fahrt der Beagle – Afrika, Asien, Australien oder Südamerika bis zu den abgelegenen Galápagosinseln und brachten nie dagewesene Mengen von Sammlungsstücken nach Hause. Mit ihnen nahm auch die Wissenschaft, die damit beauftragt war, die Importe auszuwerten, eine neue Gestalt an.

Der Aufstieg Englands zur größten Kolonial- und Handelsmacht hatte das Londoner British Museum in Besitz der weltweit umfangreichsten Naturkundesammlung gebracht, was eine Reihe von Änderungen nach sich zog, die Darwin unmittelbar betrafen. In direkter Folge des angestiegenen Welthandels war die Zahl der neu zu beschreibenden Arten in der ersten Hälfte des 19. Jahrhunderts so schnell gewachsen wie nie zuvor. England war zur größten Kolonialmacht der Welt geworden, der Handel zwischen dem Königreich und seinen Kolonien durchpulste die Wasserwege auf dem gesamten Globus, die Häfen füllten sich mit immer mehr und immer größeren Schiffen, die nicht nur Seide, Kautschuk, Gewürze, Kaffee, Elfenbein, Gold oder Silber über die Weltmeere verfrachteten, sondern auch Tiere und Pflanzen. Im Hafen von London blühte das Geschäft von Tierhändlern wie Charles Jamrach, der Kapitänen und Matrosen die exotische Fracht tot oder lebendig abkaufte und damit in ganz Europa die Museen, Tiergärten, Schausteller und Menagerien belieferte.

Was zum Aufstieg Englands zur weltweit größten Kolonialmacht geführt hatte, drohte sich in den Lagerräumen der zoologischen Institutionen zerstörerisch auszuwirken: Das Wachstum des British Empire geriet hier außer Kontrolle. Da Großbritannien zur größten Kolonialmacht geworden war, besaß London nun die größte Sammlung an Tierpräparaten, die je zusammengetragen wurde. Die Konkurrenz auf dem europäischen Festland, das Muséum national d'Histoire naturelle in Paris, hatte London hinter sich gelassen und war zum »Mekka« der Naturhistoriker geworden, wohin Berühmtheiten wie Alexander von Humboldt und Christian Gottfried Ehrenberg aus Berlin ebenso pilgerten wie Louis Agassiz und John James Audubon aus Amerika. Ununterbrochen trafen im Hafen der Hauptstadt neue Tierpräparate aus den Kolonien ein, aus konservatorischen oder transporttechnischen Gründen zumeist in Stücken. Die Massen an Tierhäuten, Fellen, Skeletten, Schädeln, eingelegten Organen, getrockneten Bälgen, Käfern, Insekten, Schnecken, Muscheln, Fischen etc., die im Auftrag ihrer Majestät gesammelt worden waren, kamen nach London und wurden zumeist an die zoologische Sammlung des British Museum geliefert. Das 1753 gegründete Nationalmuseum war der zentrale Ort, an dem die häufig bunt zusammengewürfelten Stücke in abrufbares Wissen verwandelt werden sollten; doch so wünschenswert ein maximal großer Sammlungsbestand theoretisch schien, so wenig war seine vollständige Bearbeitung zu bewältigen.

Noch 1825 wurde die optimistische Ansicht vertreten, die Größe von Sammlungen würde zwangsläufig die Bedeutung der englischen Naturgeschichtsschreibung befördern. Als die Tiere jedoch tatsächlich aus allen Weltteilen eintrafen, verglich ein Zeitgenosse nun die zoologischen Sammlungen des British Museum mit den Katakomben in Palermo, »wo jeden Tag ein Schacht geöffnet wird, nur um neue Subjekte der Verwesung zu übergeben und zu sehen, wie der Verwesungsprozess im vorangegangen Jahr fortgeschritten ist«[35]. Entgegen den Erwartungen waren die Kellerräume von Montagu House, wo die zoologische Sammlung des British Museum zusammen mit Büchern und Artefakten gelagert wurde, nicht zu Prunkhallen des British Empire geworden, sondern zu einem düsteren Grab. Die Sammlungen wuchsen so schnell, dass keine Zeit blieb, sie zu ordnen oder auch nur sachgemäß zu lagern.

Bei den Museumskuratoren führte die tagtägliche Auseinandersetzung mit den überquellenden Sammlungen zu Überarbeitung und Unzufriedenheit. Die im kolonialen Sammlungsfieber herbeigerafften und in den Schlund des Museums geworfenen Präparate bereiteten vor allem ihnen Schwierigkeiten. Denn jedes Tierding brauchte einen Platz und einen Namen, in jedem Einzelfall musste ein Museumszoologe einerseits prüfen, ob das vorliegende Stück bereits als einer Art zugehörig beschrieben worden war und schon einen Namen hatte oder ob es sich um eine bisher unentdeckte Art handelte, die einen neuen Namen brauchte. Währenddessen dehnte sich die wissenschaftliche Erschließung des Tierreichs in unüberschaubare Dimensionen aus. 1825 beklagte ein Autor in einer zoologischen Fachzeitschrift, die Anzahl der bekannten Arten habe sich seit Linné verfünffacht; zwölf Jahre später hatte sie sich bereits verhundertfacht. Auf jedes Tier also, das Linné 1758 in seinem Werk über die *Systema Naturae* beschrieben hatte, kamen im Schnitt hundert neue Tiere, die alle einen Namen wollten.[36] Angesichts der Überfülle wurde die Frage, was eine Art sei und welches System den Arten zugrunde liege, zum Schlüsselproblem der englischen Naturhistoriker. Von jedem Tier nicht nur ein besonders schönes oder rares Exemplar zu sammeln, wie im Fall der Kunstkammer, sondern Hunderte oder Tausende, hatte die großen Variationsspielräume der Arten aufgedeckt. Kein Exemplar glich dem anderen, und es war dieser Unordnung produzierende Sammlungsüberschuss, der Kontrollverlust der Museen über ihre eigenen Bestände, der Darwin zum Nachdenken über Evolution anregte. Die Fachwelt war von nun an gespalten: Es gab das eine Lager, das daran festhielt, die Natur bestehe aus klaren Unterteilungen und es sei nur eine Frage der Zeit, bis die richtigen Kriterien gefunden seien, um diese zu beschreiben. Die Unsicherheit der Kuratoren, die sich häufig beim Klassifizieren nicht entscheiden konnten, ob bloß die Variation einer Art oder eine neue Art vorlag, hielten diese Fachleute für kein grundsätzliches Problem. Der Fortschritt der Wissenschaft würde Abhilfe schaffen. Darwin dagegen – und einige weitere Fachkollegen – sah dies anders. Rückblickend schrieb er: »Als ich vor vielen Jahren die Vögel von den einzelnen Inseln der Galápagos-Gruppe mit einander und mit denen des americanischen Festlandes verglich und andere sie vergleichen sah, war ich sehr darüber erstaunt, wie gänzlich schwankend und willkürlich der Unterschied zwischen Art und Varietät ist.« (EA, 42)

In den zoologischen Sammlungen Londons schwand Darwins Glaube daran, dass Arten unveränderliche Einheiten der Natur seien. Ihre Veränderlichkeit zeigte sich ihm im taxonomischen Tagesgeschäft, wo sich die Fachleute darüber zerstritten, was eine Art und was eine Varietät sei. Darwin begann, dem Zustand der zoologischen Sammlungen seiner Zeit mehr zu vertrauen als dem Versprechen einer zukünftigen Wiederherstellung der Ordnung. Die Unordnung schien nicht mehr den Blick auf die Natur zu verstellen: Sie repräsentierte sie.

4. Finken, Fossilien und Rankenfußkrebse

Ab jetzt ist alles eine Frage der Chronologie, des genauen Ablaufs der Ereignisse. Darwin wird die etwa neun Monate nach seiner Rückkehr, in denen er die Gründzüge seiner Theorie entwickelt, später so zusammenfassen: »Im Juli erstes Notizbuch über ›Transmutation der Arten‹ begonnen – War seit einem Monat des vergangenen Märzes sehr beeindruckt von der Beschaffenheit der S. Amerikanischen Fossilien & Arten der Galápagosinseln. Diese Tatsachen Ursprung (besonders letztere) meiner gesamten Sicht.«[37] Die Legende von den Darwinfinken, die ihm mitten im pazifischen Ozean die Augen geöffnet haben sollen, ist nicht mehr als das – eine Legende. Der wirkliche Hergang ist allerdings nicht weniger spannend.

Im Dezember, zwei Monate nach der Landung des Schiffes im Hafen von Falmouth, waren bereits die fossilen Überreste der südamerikanischen Säugetiere dem Hunterian Museum ausgehändigt worden. Richard Owen, der Spezialist auf dem Gebiet, teilte Darwin knapp zwei Wochen darauf mit, dass es sich bei den Fundstücken um ein *Toxodon* und ein *Scelidotherium* handelte – in Darwins begeisterten Worten an seinen Cousin: »ein Nagetier, aber von der Größe eines Nilpferds!« und »ein Ameisenbär von der Größe eines Pferdes!« (Corr 1, 525) Darwin beeindruckte die Ähnlichkeit mit den lebenden Arten Südamerikas. Von den Fossilien, die er aus seiner Heimat kannte, unterschieden sie sich in einer auffälligen Hinsicht. Denn es war eine Sache, ein Iguanodon, die riesenhafte Echse aus der frühen Kreidezeit, in Sussex auszugraben, wie es 1809 geschah. Ein Iguanodon, insbesondere wie es damals rekonstruiert wurde, glich keinem lebenden Reptil, das in England vorkam. Anders verhielt es sich mit Darwins Fossilien aus Südamerika. Aus den Untiefen der Erde waren hier Knochen von Organismen herausbefördert worden, die wie Großversionen von Faultier, Gürteltier und Ameisenbär schienen, Tiere, die nur auf dem mittel- und südamerikanischen Kontinent heimisch waren.[38] Dass zwischen ihnen eine verwandtschaftliche Bindung bestand, lag also nahe.

Noch überraschender war, was ihm der nächste Spezialist, John Gould, Ornithologe an der Zoological Society, mitzuteilen hatte. Am 4. Januar verzeichnen die Akten der Zoological Society den Eingang der Galápagosvögel, insgesamt 450 Bälge. Am 10. Januar nahmen die Spezialisten die Arbeit auf. Am 11. Januar, zwei Tage nach dem ersten offiziellen Treffen der Gesellschaft anlässlich der Beagle-Sammlung, stand Darwin in der Zeitung. »80 Säugetiere, 450 Vögel, insgesamt mindestens 150 verschiedene Arten«, vermeldeten der *Morning Herald*, der *Standard*, der *Morning Chronicle* sowie die einflussreiche Wochenschrift *Athenaeum*, habe Herr Darwin der Zoological Society vorgelegt. Herr Gould habe bereits elf Vogelarten klassifiziert und benannt, »dabei waren alles neue Arten, keine davon in diesem Land bisher bekannt«[39]. Bei den Vogelarten, von deren Klassifikation die Zeitungen berichteten, handelte es sich um die Galápagosfinken. In der endgültigen gedruckten Fassung, wie sie darauf in den *Proceedings of the Zoological Society* erschien, fasste Gould die Arten nun in einer Gattung zusammen: den »ground finches«, bestehend aus der Gattung *Geospiza*, und den zwei Untergattungen *Camarhynchus* und *Cactornis*. Die taxonomischen Kriterien zur Unterscheidung waren Schnabelform, Körpergröße und Schädelgestalt, wonach die 32 Finkenbälge, die Darwin mitgebracht hatte, in Arten unterteilt wurden. Im Zweiwochentakt lieferte Gould im Januar, Februar und März weitere aufsehenerregende Ergebnisse. Am 28. Februar schließlich kamen die Spottdrosseln der Galápagosinseln an die Reihe. Gould unterschied sie in drei Arten einer Gattung, in *Orpheus trifasciatus*, *Orpheus melanotis* und *Orpheus parvulus*. Ob sich Darwin noch an die Notiz über die

Spottdrosseln erinnerte, die er an Bord der Beagle niedergeschrieben hatte, als Gould sie ein knappes Jahr darauf, am 28. Februar 1837, in London zu drei verschiedenen Arten erklärte, ist nicht bekannt. Wenn es sich bei den gesammelten Stücken um verschiedene Arten handeln sollte, hatte er damals geschrieben, würde dies das Konzept der Artkonstanz untergraben. Dass er nach dem Zusammentreffen mit Gould innerhalb weniger Wochen in seinen Notizen die Theorie der Artkonstanz verabschiedete und stattdessen die Wandelbarkeit der Arten für wahrscheinlich hielt, spricht aber dafür, dass ihm die frühere Beobachtung in Erinnerung geblieben war. Bei dem Treffen mit Gould am 6. März in der Zoological Society, wo er zuerst von den spektakulären Ergebnissen erfuhr und von dem ein Notizblatt im Darwin-Archiv in Cambridge zeugt, müssen sich bereits zuvor erwogene Gedanken Bahn gebrochen haben. Dreizehn Arten Galápagosfinken listet Darwins Mitschrift der Zusammenkunft auf, dreizehn wird er im Reisebericht bei der Veröffentlichung 1839 nennen und dreizehn ebenfalls in *Zoology of the H.M.S Beagle* im Jahr 1841. Dreizehn Enden zählt auch Darwins Diagramm in *Notebook B*; die Zeichnung zeigt, wie sich eine Art in dreizehn neue aufspaltet und damit in ebenso viele Arten, wie die Gattung der Galápagosfinken nach Darwins Kenntnisstand beinhaltete (s. Abb. 3). Obwohl Darwin in *Notebook B* die *Geospizinae* namentlich in seinen schriftlichen Aufzeichnungen nicht erwähnt, kann also darüber spekuliert werden, ob die Skizze von ihnen handelt.

Fassen wir noch einmal ins Auge, welche Lehre die Klassifizierung Darwin erteilte. Die Biologie ordnet Tiere in ineinandergeschachtelten hierarchischen Systemen, was für unser Beispiel der Galápagosfinken Folgendes bedeutet: Auf der Ebene der Klasse zählen sie zu den Vögeln, in der Ordnung gehören sie zu den Sperlingsvögeln, in die Familie der Ammern, mit der Unterfamilie der Darwinfinken, die schließlich vier Gattungen umfasst, mit nach heutigem Kenntnisstand dreizehn Arten. Die Einordnung folgt also immer enger definierten Gruppen, von der Ordnung über die Unterordnung zur Familie, Unterfamilie, Gattung bis zur Art. Beim Versuch, die Galápagosfinken in diesem System unterzubringen, war Darwin auf der vorletzten Ebene, jener der Gattung, gescheitert. Er selbst hatte die Vögel für so unterschiedlich gehalten, dass er sie in verschiedene Gattungen steckte. Gould aber zeigte, dass es sich um Arten einer Gattung handelte. Diese Entdeckung machte Darwin klar, wie weit sich eine Art von der Ursprungsart, aus der sie hervorgegangen war, entfernen konnte.

Zugleich bot die Frage, was bei den vorliegenden Exemplaren eine Art oder nur eine Varietät sei, immer noch Spielräume. Gould unterschied zunächst in einem Vorbericht elf, dann dreizehn Arten. Die Einordnung in eine Gattung mochte unbestritten sein, die Artgrenzen blieben uneindeutig. Bis heute besteht unter Naturforschern, was die Definition der biologischen Art oder Spezies angeht, keine einhellige Meinung.[40] Die Erklärung dafür liefert die Evolutionsbiologie: Wenn die Arten nicht konstant sind, sondern variieren, Variation – und deren Selektion – also die Grundlage des Artwandels ist, folgt daraus, dass die Abgrenzung zu eng verwandten Arten häufig schwierig ist. Die Grenzen geraten ins Schwimmen.

Eben in diesen fließenden Übergängen stellt Darwin die Galápagosfinken auch in der zweiten Auflage seines Reiseberichts *Die Fahrt der Beagle* von 1845 vor. Wenn wir das siebzehnte Kapitel aufschlagen, sehen wir dort die Abbildung von vier der insgesamt dreizehn Galápagosfinken, die während der Beagle-Reise gesammelt worden waren, zusammengerückt in einer etwa die Hälfte der Buchseite füllenden Darstellung (Abb. 6). Das Bild führt damit die morphologische Vielfalt einer Gattung vor Augen, und wenn wir den Blick von links oben nach rechts unten wandern lassen, sortieren sich die Unterschiede zu einem fein abgestuften Verlauf von der größten und schwersten Art hin zur zierlichsten und kleinsten. Darwin kommentiert das Bild in diesem Sinne: »Wenn man diese Abstufung und strukturelle Vielfalt in einer kleinen, eng verwandten Vogelgruppe sieht, möchte man wirklich glauben, dass von einer ursprünglich geringen Zahl an Vögeln auf diesem Archipel eine Art ausgewählt und für verschiedene Zwecke modifiziert wurde.« (FB, 501) Durch die gewählte Anordnung erscheint der Finkenkopf einerseits als Repräsentant seiner Art, andererseits als mögliche spekulative Vorstufe der darauf folgenden.

Abb. 6: Darwins Galápagosfinken aus *Die Fahrt der Beagle* von 1845

Die Variabilität der Galápagos-Arten, von den Schildkröten bis zu den Vögeln, hatte eine Spur gelegt, die Darwin nun immer weiter verfolgte. Im Juni 1842 – er war inzwischen verheiratet, Vater und nach Downe gezogen – brachte er den ersten ausformulierten Entwurf seiner Theorie zu Papier, er umfasste 35 Seiten. Zwei Jahre später, 1844, baute er das Manuskript auf 240 Seiten aus. Was die Veröffentlichungspläne anbetrifft, blieb er jedoch zurückhaltend. Das zweite Manuskript übergab er seiner Frau, mit der Bitte, es aufzubewahren, zusammen mit einem verschlossenen Kuvert, das im Fall seines plötzlichen Todes geöffnet werden sollte. Darin befand sich eine Liste von möglichen Herausgebern, angeführt von dem Geologen Charles Lyell. Manche Forscher haben dies auf moralische Skrupel zurückgeführt und sahen darin ein Zeichen, dass Darwin vor den weltanschaulichen und religiösen Folgen seiner Theorie zurückschreckte. Wahrscheinlich ist jedoch, dass es wissenschaftliche Skrupel waren, die ihn von einer voreiligen Veröffentlichung abhielten.[41] In Bezug auf Lamarck haben wir gesehen, dass er dem französischen Forscher vorwarf, »so viel mit so wenig Fakten« geschrieben zu haben. Diese Schwäche wollte Darwin vermeiden. Mit der ersten Evolutionsskizze hatte er 1837 Mauern und Dach eines Hauses hochgezogen, die nächsten zwanzig Jahre verbrachte er damit, es zu füllen.

Ein ganzes Geschoss in diesem Haus nahm schließlich seine Arbeit zu den *Cirripedia* ein, eine Ordnung der Krebstiere, die neben den Rankenfußkrebsen auch einige Seepocken umfasst. Obwohl Darwin von 1846 an fast acht Jahre mit der Arbeit daran zubrachte, zählt *A Monograph on the sub-class Cirripedia* zu seinen bis heute unbekanntesten Veröffentlichungen. Eine Einführung kann aber nicht darauf verzichten, sie wenigstens zu erwähnen, da sie sowohl Darwins Ruf als Wissenschaftler festigte als auch eine bedeutende Rolle in seiner Forschung einnahm: Publiziert wurden diese Arbeiten in vier Bänden zwischen 1851 und 1855, sie behandelten sowohl fossile als auch lebende Tiere. Darwin erhielt dafür im Jahr 1853 die Royal Medal, eine der bedeutendsten wissenschaftlichen Auszeichnungen in England. Den Ausgang nahmen seine Untersuchungen bei einem Exemplar, das er auf der Beagle-Reise gesammelt hatte. »Ich hatte ursprünglich vor«, schreibt er in seinem Vorwort zum ersten Band, »nur eine einzige, abnorme Cirripede zu beschreiben, ein Fundstück von der südamerikanischen Küste, und wurde damit dazu gebracht, um des Vergleichs willen, das Innere von so vielen Exemplaren zu beschreiben, wie ich nur kriegen konnte.« (MC, 5) Neben der Beagle-Sammlung untersuchte Darwin die großen Bestände der zoologischen Abteilung des British Museum, zudem ließ er sich von Experten und Museen aus der ganzen Welt Exemplare per Post zuschicken. Die Literaturwissenschaftlerin Rebecca Stott hat Darwin und seinen Rankenfußkrebsen ein Buch gewidmet, das aufschlüsselt, in wie vielen Hinsichten sie in sein evolutionstheoretisches Forschungsprogramm integriert werden konnten.[42] Hier soll der Hinweis darauf genügen, dass sie Darwin Gelegenheit boten, das Klassifikationshandwerk von Grund auf zu studieren. Die Taxonomie hatte ihn dazu angeregt, über Evolutionstheorie nachzudenken. Das Oszillieren von Artgrenzen, die Uneindeutigkeit von Arten und ihren Varietäten durchzog dementsprechend auch seine Veröffentlichungen zu den Cirripedien. Seine Zweifel daran, dass Arten und Varietäten klar unterschieden werden könnten, stellte er immer wieder aus. Im trockenen Jargon des Werks klingt das wie folgt: »Da die hier genannten Varietäten sehr bemerkenswert sind, und sich vielleicht sogar als richtige Arten entpuppen, denke ich, daß sie es wert sind, in einiger Ausführlichkeit beschrieben zu werden: Ich will nur hinzufügen, daß wir entweder mehrere neue Arten darin sehen müssen oder, wie ich es getan habe, einige Formen als bloße Varietäten.« (MC, 151)

An zahlreichen Stellen griff er das Problem auf, dass die Organismen keine Kriterien dafür boten, ob sie als Arten oder Varietäten rubriziert werden sollten. Welches System sich allerdings längst dahinter verbarg, die Theorie nämlich, an der Darwin nun seit fast zwei Jahrzehnten arbeitete und die die Erklärung für die Uneindeutigkeit der Artgrenzen liefern sollte, gab der Autor noch nicht preis.

5. Alfred Russel Wallace

Das Ereignis, das Darwin schließlich dazu brachte, seine zögerliche Haltung aufzugeben und die Evolutionstheorie so schnell wie möglich zu publizieren, ist bekannt: eine Briefsendung aus Ternate, einer Insel zwischen Celebes und Neu-Guinea im malaysischen Archipel, die Darwin an einem Junimorgen im Jahr 1858 erreichte. Sie trug die Handschrift Alfred Russel Wallaces, eines Forschungsreisenden, der sich seinen Lebensunterhalt durch das Sammeln und Verkaufen von Präparaten verdiente und den Darwin ein Jahr zuvor darum gebeten hatte, auf seinen Reisen nach einer seltenen malaysischen Geflügelart Ausschau zu halten. Statt Hühnerfedern enthielt Wallaces Sendung allerdings das Exposé zu einer Evolutionstheorie, die zu Darwins Entsetzen bis in die Details seinem Entwurf glich. »Ich habe noch nie einen verblüffenderen Zufall gesehen«, schrieb er hastig an Charles Lyell, »hätte Wallace meine ausformulierte Manuskriptskizze von 1842 gehabt, könnte er keine bessere Zusammenfassung davon geben.« (Corr 7, 107) Wallace hatte in seinem Schreiben gebeten, den Text, falls ihn Darwin interessant genug finde, an Charles Lyell weiterzuleiten.

Charles Lyell hielt Wallaces Aufsatz für spektakulär und teilte die Einschätzung, dass die darin formulierte Theorie derjenigen Darwins in verblüffender Weise glich. Man beriet sich und kam zu dem Schluss, Darwins und Wallaces Evolutionstheorie am 1. Juli 1858 zusammen in einer Sitzung der Linnean Society vorzustellen. Anwesend waren fünfundzwanzig Mitglieder. Da sich Wallace noch in Asien aufhielt und Darwin krank war, wurden die Texte laut verlesen, als erster Programmpunkt der Sitzung, danach folgten fünf weitere Vorträge. Die Abwesenheit von Darwin und Wallace sowie das dichte Programm mögen dazu beigetragen haben, dass von der vorgestellten Theorie kaum Notiz genommen wurde. Im Jahresabschlussbericht vermerkte der Präsident der Linnean Society, das Jahr 1858 sei ohne bemerkenswerte Vorkommnisse vergangen: »Das vergangene Jahr zeichnete sich gewiss nicht durch eine Art von aufsehenerregender Entdeckung aus, welche auf einen Schlag die Abteilungen der Wissenschaft revolutionieren, aus denen sie hervorgehen.«[43]

Wie die Geschichte weitergeht, wissen wir. Im November 1859 erschien Darwins Buch *Die Entstehung der Arten*, das entgegen der Meinung des Präsidenten »auf einen Schlag die Abteilungen der Wissenschaft« revolutionierte, aus denen es hervorging. Wallace wurde zum ewigen Zweiten, dem das Verdienst zukommt, unabhängig von Darwin eine fast identische Evolutionstheorie entwickelt zu haben. Dafür erhielt er nicht einmal einen Bruchteil der Anerkennung.

Es kann also nicht verwundern, dass sich an die Episode zahlreiche Verschwörungstheorien knüpfen, und es ist auch nicht von der Hand zu weisen, dass die gleichzeitige Entwicklung der Evolutionstheorie zu einem der aufschlussreichsten Kapitel der Wissenschaftsgeschichte zählt. Die These allerdings, dass Darwin von Wallace abgeschrieben habe, lässt sich nicht halten. Sämtliche Studien über die Entwicklung der Evolutionstheorie stimmen darin überein, dass Darwins Theorie zu dem Zeitpunkt, als er den Brief von Wallace erhielt, vollständig ausgearbeitet war.[44] Auch Wallace nahm nie Anstoß an dem Verfahren, 1889 gab er seinen gesammelten Aufsätzen zur Evolutionstheorie den Titel *Darwinismus* und sorgte damit selbst dafür, dass Darwin nicht nur als Begründer der Evolutionstheorie gilt, sondern noch dazu, dass diese nach ihm benannt wurde.

Trotzdem ist die Übereinstimmung lehrreich und soll uns hier in zwei Hinsichten beschäftigen. Zum einen stellt sich die Frage, welche Parallelen zwischen Darwin und Wallace dazu führten, dass beide gleichzeitig dieselbe Theorie entwickelten. Zum anderen müssen jedoch auch die Unterschiede behandelt werden. Es war nämlich keineswegs so, dass beide in allen Fragen übereinstimmten. Über die Jahre entwickelten sich die Forscher immer weiter auseinander – Meinungsunterschiede, die an wesentliche Punkte der Evolutionstheorie rührten. Trotzdem sollte Wallace sein Buch eben *Darwinismus* nennen und als einer von Darwins leidenschaftlichsten Anhängern in die Geschichte eingehen. In diesem Widerspruch liegt, wie wir noch sehen werden, eines der Erfolgsgeheimnisse der Evolutionstheorie.

Beginnen wir zunächst mit dem Lebenslauf: Geboren wurde Wallace 1823 im walisischen Usk, Montmoutshire, in ein gebildetes, aber ärmliches Elternhaus. Im Gegensatz zu Darwin besuchte er nie eine höhere Schule. Seine naturwissenschaftliche Bildung erarbeitete er sich als Autodidakt, von 1837 an – aus diesem Jahr stammt Darwin erste Evolutionsskizze (s. Abb. 3) – hörte der vierzehn Jahre jüngere Wallace öffentliche Vorlesungen in der Hall of Science in London. Er las viel, darunter wie Darwin auch den Geologen Charles Lyell. Auf *Die natürliche Geschichte der Schöpfung* des damals noch anonym bleibenden Robert Chambers machten ihn 1844 Kommentarspalten in der lokalen Zeitung aufmerksam. Offensichtlich studierte er das Buch darauf mit einiger Sorgfalt. An einen Freund schrieb er im Dezember 1845, ein Jahr nach Erscheinen des Werks:

»Ich habe eine höhere Meinung von *Vestiges* [*Die natürliche Geschichte der Schöpfung*, Anm. J. V.], als Du sie zu haben scheinst. Ich betrachte es nicht als eine voreilige Verallgemeinerung, sondern eher als eine geniale Hypothese, die von einigen beeindruckenden Fakten und Analogien beträchtlich unterstützt wird, aber mit noch mehr Fakten weiter bewiesen werden muß & von zusätzlichem Licht, welches kommende Forscher auf den Gegenstand werfen. Auf jeden Fall liefert es einen Gegenstand, dem jeder Beobachter der Natur seine Aufmerksamkeit zuwenden sollte; jede beobachtete Tatsache spricht entweder dafür oder dagegen, und es liefert so eine Anregung zur Sammlung der Fakten & einen Gegenstand, auf den man sie anwenden kann, wenn man sie gesammelt hat.«[45]

Die Briefpassage, die wohlwollende Weise, in der Wallace die Evolutionstheorie behandelt, unterstreicht – wir haben es bereits im Zusammenhang mit Darwin gesehen –, dass sich eine neue Sicht der Natur ankündigte: Im Jahr 1837 hatte Darwin bereits ein Evolutionsdiagramm in sein Notizbuch skizziert, 1844 erschien *Die natürliche Geschichte der Schöpfung,* und 1845 bekundete Wallace, zweiundzwanzigjährig, sein Interesse daran. Mit seinem Bruder arbeitete er zu dieser Zeit als Landvermesser, unterrichtete einige Jahre als Lehrer, bis er im Alter von fünfundzwanzig Jahren auf eigenes Risiko eine Tropenreise unternahm. Wie Darwin führte sie auch ihn nach Südamerika. Im Gegensatz zu Darwin aber hatte Wallace keinen vermögenden Vater, der die Kosten übernahm. Der junge Reisende musste dafür selbst aufkommen und er tat es, indem er kommerziell sammelte. Im 19. Jahrhundert war das nicht ungewöhnlich. Die zahlreichen Sammlungsreisenden teilten sich überwiegend in drei große Gruppen: erstens Privatleute, die ihre Forschungen selbst finanzierten, zweitens Angehörige des Militärs oder begleitende Stabsärzte, die nebenher sammelten und die Sammlungsstücke dem British Museum übergaben (sie sammelten im Auftrag der Krone), und drittens professionelle Sammler, die sich dadurch finanzierten, dass sie das Gesammelte nach der Rückkehr an den Staat oder Privatleute verkauften. Darwin gehörte zur ersten Gruppe, Wallace zur dritten. Von 1848 bis 1852 durchstreifte er die Wälder Brasiliens, vornehmlich entlang dem Amazonas. Dem Unternehmen war allerdings kein Glück beschieden: Bei der Rückfahrt ging das Schiff auf hoher See in Flammen auf. Wallace überlebte, seine Sammlungsgüter wurden jedoch vollständig vom Feuer vernichtet. Retten konnte er allein eine kleine Metallschachtel, deren Inhalt heute in der Linnean Society in London aufbewahrt wird: Graphitzeichnungen von Pflanzen, in der Hauptzahl tropische Bäume, die dokumentieren, was für ein hervorragender Zeichner Wallace war.

Wenige Jahre darauf, 1854, brach Wallace ein zweites Mal auf, dieses Mal in entgegengesetzte Richtung, nach Südostasien. Seine Route führte ihn nun nach Singapur, Borneo, Lombok, Bali, Sulawesi, die Molukken und die Gewürzinseln. Diese Reise war außerordentlich erfolgreich, nach den Angaben von Wallace bestand der Ertrag in 310 Säugetieren, 100 Reptilien, 8 050 Vögeln, 7 500 Muscheln, 13 100 Schmetterlingen, 83 200 Käfern und 13 400 weiteren Insekten. Knapp 9 000 Wirbeltiere also und über 100 000 Wirbellose, darunter tausend bisher unbekannte Arten. Vergleichen wir sie mit der Sammlung, die Darwin auf der H.M.S. Beagle zusammengetragen hatte, wird die Dimension deutlich. Die größte Gruppe von gesammelten Wirbeltieren machten bei Darwin wie bei Wallace die Vögel aus – der Erste sammelte insgesamt 450, der Zweite über 8 000, also das etwa Achtzehnfache. Wallaces Fleiß ist dabei leicht zu erklären, verdiente er doch an jedem einzelnen Tier; dieser Umstand sollte ihm jedoch auch, wie sich noch zeigt, gegenüber Darwin einen intellektuellen Vorteil verschaffen.

Während der Reise, die dieses Mal acht Jahre dauern sollte, schickte Wallace die Stücke an seinen Agenten Samuel Stevens in London, der sie in Europa verkaufte. Mit der Menge der Tiere und Pflanzen wuchs für Wallace die Höhe der Einnahmen; die Frage, wie viel er an einem Tag sammeln konnte, war für ihn überlebenswichtig. Gleichzeitig zwang sie Wallace dazu, sich auf seinen Reisen zu einer Art John Gould und Charles Darwin in Personalunion auszubilden. Darwin hatte sich bei seiner Rückkehr auf Spezialisten verlassen, die seine Sammlung taxonomisch bestimmten, John Gould etwa die Vögel oder Richard Owens die Fossilien. Wallace dagegen, der seine Stücke etikettiert vorausschickte, musste, um die Preise bestimmen zu können, die Artzugehörigkeit ebenso kennen, wie er wissen musste, ob ein Tier selten oder häufig vorkam. Dabei arbeiteten ihm Helfer zu: Ein malaysischer Junge namens Ali begleitete ihn, den er sich zum Assistenten ausbildete und der ihm im Gegenzug half, mit den Jägern und Händlern vor Ort zu verhandeln. Trotzdem führte Wallace die meisten praktischen Schritte, die notwendig waren, um ein Tier in einer Kiste, einem Faß oder Glas zu versenden, selbst durch, was ihn zwangsläufig als Handwerker schulte und seine taxonomischen Kenntnisse förderte. Achttausend Vögel selbst zu Bälgen gemacht zu haben lehrte Wallace alle Finessen der Ornithologie. Noch dazu hatte er von früh an, der Brief über *Die Natürliche Geschichte der Schöpfung* aus dem Jahr 1845 zeigt es, ein Interesse an großen naturgeschichtlichen Fragen ausgebildet, was ihn mit Darwin verband, wenn dieser auch den Vorteil einer Universitätsausbildung genoss, während Wallace sich autodidaktisch fortbildete. Darwin vertraute auf eine große Infrastruktur, ein Netz von Spezialisten und Experten. Wallace dagegen war selbst ein versierter Handwerker, dabei ein großräumig denkender Naturforscher und erfahrener Taxonom.

Von Wallaces Biografie, seinen Aufzeichnungen, Briefen, Tagebüchern und Schriften ist wenig über das von ihm zu Lebzeiten Publizierte hinaus erhalten. Seinen Werdegang, den Weg zur Evolutionstheorie, müssen wir daher an seinen veröffentlichten Schriften nachvollziehen. Zwischen 1855 und 1858 schickte Wallace von seinen Reisen in Südostasien an englische Zeitschriften mehrere Aufsätze, die in seiner Abwesenheit in Druck gingen. Es sind vor allem diese Schriften, die zeigen, dass der vierzehn Jahre jüngere Wallace wie im Zeitraffer die Etappen abschritt, die Darwin zur Evolutionstheorie geführt hatten.

Den Anfang machte 1855 der Aufsatz »Über das Gesetz, welches die Einführung neuer Arten reguliert hat«, den Wallace von der Insel Borneo aus bei einer englischen Fachzeitschrift eingeschickt hatte und in dem er ausdrücklich die unregelmäßige Gestalt des natürlichen Systems mit einer verästelten »knorrigen Eiche« oder dem »Gefäßsystem des menschlichen Körpers« verglich.[46] Wenn wir uns Darwins Skizze vor Augen halten, mit der dieser 1837 den ersten Systementwurf in seinem Notizbuch festhielt, deckt sich die Beschreibung, die Wallace nun sprachlich lieferte, ziemlich genau. Als Grund für die unregelmäßige Gestalt gab auch er die Variation von Arten an, die sich in immer neue Formen aufspalteten.

1856 ließ Wallace eine ausführliche Arbeit zur Klassifikation der Vögel mit dem Titel *Versuch zu einer natürlichen Ordnung der Vögel* folgen. Dieses Mal schloss er die Forderung an, dass »in jeder systematischen Arbeit [...] jede Gattung oder Familie mit einem solchen Diagramm illustriert werden«[47] sollte. Die praktischen Schritte, die unternommen werden mussten, um die Abbildung zu erstellen, teilte er ebenfalls mit. In einer ausführlichen Anleitung empfiehlt er, mit einem Gewehrputzer kreisrunde Märkchen auszustechen, darauf die Namen der Gattungen zu notieren, die Märkchen entlang einer Mittelachse zu sortieren, das Puzzle auf ein Blatt Papier zu übertragen und mit Linien zu verbinden. Sein eigenes auf diese Weise angefertigtes Diagramm bestand in der gedruckten Textfassung aus einer langen Senkrechten, auf der die Namen der Familien aufgeschnürt waren, und einer sich im rechten Winkel abteilenden Horizontalen, die in die Gattungen mündete. Die Lücken in der Darstellung und die weite Entfernung einiger Gattungen innerhalb einer Familie erklärte er, wie Darwin, mit dem Aussterben der Arten: »[...] alle Lücken zwischen Arten, Gattungen oder größeren Gruppen gehen auf das Aussterben der Arten in früheren Epochen der Weltgeschichte zurück.«[48]

Im August 1858, also bereits kurz nachdem Darwin den Brief erhalten hatte, erschien schließlich Wallaces Aufsatz »Über die Tendenz der Varietäten unbegrenzt von dem Originaltypus abzuweichen«, in dem er seine zuvor geäußerten Gedanken zur Artenvariation zusammenfasste. Aus der Erfahrung, die Wallace als Sammler und Händler von Arten gemacht hatte, konnte auch er berichten, dass Varietäten und Arten voneinander nicht zu unterscheiden seien: »Welches die *Varietät* und welches die ursprüngliche Art ist, das zu bestimmen giebt es im Allgemeinen kein Mittel [...].«[49] Eine Zwischenüberschrift des Aufsatzes lautete: »Überlegene Varietäten werden schliesslich das Aussterben der ursprünglichen Art bewirken.« In einem rasanten Dreischritt, verteilt über drei Aufsätze, hatte Wallace damit alle Elemente der Evolutionstheorie zusammen: die Variation, das Aussterben, die Vorteilhaftigkeit von Merkmalen.

Und wie reagierte Darwin? Anhand seiner Bibliothek können wir sehen, dass er die Aufsätze gelesen hatte, sogar mit einiger Sorgfalt, an den Rand notierte er Anmerkungen. Doch trotz der Hinweise von Forscherkollegen, darunter der inzwischen enge Vertraute Charles Lyell, kam ihm, der in den einflussreichsten wissenschaftlichen Kreisen Englands verkehrte und die Hochachtung der angesehensten Forscher seiner Zeit genoss, bis zum Juni 1858 nicht in den Sinn, dass ein Außenseiter des Wissenschaftsbetriebs, den er für einen Naturalienhändler hielt, zum Konkurrenten werden könnte. »Nichts wirklich Neues«, kritzelte Darwin an den Rand von Wallaces Aufsatz und »gebrauchte meinen Vergleich mit dem Baum«[50]. Zu lesen stand in Wallaces derart kommentiertem Aufsatz von 1855, »dass wir nur Fragmente dieses ungeheuren Systems besitzen, in dem der Stamm und Hauptäste durch ausgestorbene Arten repräsentiert werden, von welchen wir keine Kenntniss haben, während eine ungeheuere Masse von Gliederungen und Zweigen und winzigen Aestchen und zerstreut liegenden Blättern vorhanden ist«. Wallaces Formulierung klang verblüffend nach Darwins Notiz in *Notebook B* von 1837: »Basis der Zweige tot; so dass Übergänge nicht gesehen werden können.« (Notebook B, 26) Voreilig schloss Darwin dennoch in einer weiteren Randnotiz: »Es scheint alles Schöpfung bei ihm zu sein.«[51] Ganz entgegen diesen Kommentaren war Wallace entlang denselben Beobachtungen zur Evolutionstheorie gelangt. Als Darwin Wallaces Manuskript der Evolutionstheorie in Händen hielt, erkannte er seinen Irrtum umgehend. Die Wertschätzung für den Forscherkollegen hielt danach ein Leben: »Sie würden«, schrieb er ihm, »wenn Sie freie Zeit gehabt hätten, die Arbeit genauso gut, vielleicht noch besser getan haben, als ich sie gemacht habe.« (Corr 8, 220) Darwins Beobachtung traf einen wichtigen Punkt: Denn beide, Wallace wie Darwin, hatten ihre Karriere als Sammlungsreisende begonnen – und sie als Begründer der Evolutionstheorie beendet. Um ein derart umfassendes Buch zu schreiben, wie es später der Privatgelehrte, finanziell unabhängige und zu Hause arbeitende Darwin mit der *Entstehung der Arten* vorlegte, besaß Wallace, stets darum besorgt, seinen Lebensunterhalt zu verdienen, nie die Zeit. Mit Blick auf die Biografien von Wallace und Darwin gäbe es eine Menge zu sagen über den Wissenschaftsbetrieb im 19. Jahrhundert, über sozialen Stand, Netzwerke und Privilegien. Damit sollen Darwins wissenschaftliche Errungenschaften nicht geschmälert werden; Wallaces Leben lehrt aber, dass zum Erfolg mehr gehört, als nur ein brillanter Forscher zu sein – in diesem Fall vor allem, Zeit zu haben.

Interessieren sollen uns abschließend aber vor allem die inhaltlichen Unterschiede zwischen Darwin und Wallace. Mit Darwin teilte Wallace die Überzeugung, dass unbegrenzte Variabilität und Selektionsdruck der Motor der Evolution seien. Die erste entscheidende Abweichung ergab sich jedoch bereits im Jahr 1864 und betraf den Menschen: Darwin – die Einzelheiten werden wir im nächsten Kapitel näher betrachten – vertrat grundsätzlich die Ansicht, dass auch der Mensch aus der Evolution hervorgegangen sei. Wallace widersprach. Auf einem Treffen der Anthropological Society of London verlas er im März 1864 einen Aufsatz mit dem Titel »Der Ursprung der menschlichen Rassen und die Vorzeit des Menschen, hergeleitet mit der Theorie der natürlichen Selektion«. Darin argumentiert Wallace für einen Sonderweg, für den Menschen als evolutionären Einzelfall, weil dieser in der Geschichte früh begonnen habe, seine Umwelt selbst zu gestalten: Menschen erfanden Werkzeuge, machten Feuer, hielten Tiere und bauten Pflanzen an. Infolgedessen schlossen sie sich zu großen Gesellschaften zusammen, die auch die Pflege von Schwachen und Kranken übernahmen, so dass diese der Selektion entzogen wurden. »Tiere«, schrieb er an Darwin im gleichen Jahr, »werden in vielerlei Weisen von der Natürlichen Selektion modizifiert, aber in keiner dieser Weisen kann der Mensch modifiziert werden, was an der Überlegenheit seines Intellekts liegt.« (Corr 12, 220) Geist und Moral, so Wallace, seien unabhängig von Selektion entstanden, eine Position, die er später noch ausbaute. Von 1862 an, dem Jahr, in dem er aus Asien zurückgekehrt war, hatte Wallace regelmäßig spiritistische Versammlungen besucht und war bald von der Existenz übersinnlicher Kräfte überzeugt. Sehr verknappt ließe sich seine Position dualistisch nennen: Nach Wallace mochte die Natur Körper und Umwelt formen, Geist und Seele unterstanden einer spirituellen Macht. Ein amerikanischer Autor, der postum ein Gespräch mit

Wallace veröffentlichte, zitierte ihn mit den Worten: »Der Graben, der eine Ameise von einem Newton trennt, den Affen von Shakespeare, und den Papagei von Jesaja kann nicht vom Kampf ums Dasein überbrückt werden. [...] Es ist diese Hinsicht, in der ich mich von Darwin unterscheide, und es sind diese Fragen, wo ich keine Einigung mit den modernen Materialisten erziele, die den Menschen zum Tier erklären und sein Ende mit dem Tod.«[52]

Dass Wallace Darwin in diesem Punkt nicht unbedingt richtig verstanden hatte, wird sich im nächsten Kapitel zeigen. Darwin entwickelte sehr differenzierte Vorstellungen von menschlicher Evolution und meinte mit Selektion, auf den Menschen angewendet, nicht, dass Kranke und Schwache ausgesiebt würden und nur die körperlich Stärksten überlebten. Auch was sexuelle Selektion anbetraf, konnten sich Wallace und Darwin nicht einigen. Darwin erklärte viele auffällige Färbungen im Tierreich mit Partnerwahl, wobei sich das jeweilige Weibchen das prächtigste Männchen aussuche; Wallace dagegen interpretierte die Farbenpracht als Signale an Fressfeinde, die abgeschreckt oder irregeführt werden sollten.

Während nachfolgende Wissenschaftlergenerationen für Wallaces spiritistische Weltauffassung wenig Verständnis aufbrachten, sollten sie sich im 20. Jahrhundert bei der Frage der Vererbung fast geschlossen auf seine Seite schlagen. Vom Ende der 1860er Jahre an begann Wallace, sich gegen die Vererbung erworbener Eigenschaften auszusprechen, die Darwin ausdrücklich als Möglichkeit in seine Evolutionstheorie mit einschloss. Wallace wurde zum Gegner einer lamarckistischen Vererbungstheorie, die wir in dem Abschnitt über »Historische Evolutionstheorien« als die Vorstellung definiert hatten, Organe könnten durch Gebrauch bzw. Nichtgebrauch zu Lebzeiten modifiziert und diese Veränderungen könnten an die Nachkommen weitergegeben werden. Es war der deutsche Mediziner August Weismann, der 1883 schließlich die Abhandlung mit dem Titel *Über Vererbung* veröffentlichte, die der Widerlegung der Vererbung erworbener Eigenschaften galt. Darin führte er nicht nur die Schwierigkeiten der lamarckistischen Position auf, sondern versuchte auch seine eigene Theorie experimentell zu stützen, in der er eine strikte Trennung zwischen dem sogenannten »Keim-« und dem »Körperplasma« postulierte. Seine Theorie der »Continuität des Keimplasma's« besagt, dass Keimplasma und Körperplasma von Anfang an getrennt sind und dass daher Umwelteinflüsse, denen ein Organismus zu Lebzeiten ausgesetzt ist, nicht auf die Keimzellen und ihr Kernplasma einwirken können.[53] Mit dem Beharren darauf, dass Eigenschaften von Organismen in der »Keimbahn« angelegt seien, formulierte Weismann ein Forschungsprogramm, das sich in der Genetik etablierte. Er bereitete damit eine Unterscheidung vor, die später die Bezeichnungen Geno- und Phänotyp erhielt. Der Genotyp ist die genetische Information, die ein Organismus enthält, der Phänotyp die konkrete Ausprägung eines Individuums. Die heutige Genetik geht davon aus, dass neu erworbene phänotypische Merkmale nicht in genetische Information zurückübersetzt werden können.

Als 1889 *Der Darwinismus* erschien, unterstützte Wallace darin Weismanns Kritik am Lamarckismus. Diese neue, anti-lamarckistische Richtung machte als »Neo-Darwinismus« Karriere, eine Bezeichnung, die von George John Romanes, einem Schüler Darwins, 1895 geprägt wurde. Bis ins 20. Jahrhundert hinein betrachteten viele Naturforscher – im Gegensatz zu Weismann und Wallace – den Lamarckismus allerdings nicht als Alternative zur Selektionstheorie, sondern als deren Ergänzung. Als »Neo-Darwinisten« bezeichnete sich die Gruppe von Wissenschaftlern, die sich im Anschluss an Weismann abgespalten hatte. Vielleicht hätte man fairerweise die Bezeichnung »Neo-Wallaceismus« einführen sollen, nach dem Evolutionstheoretiker, der den Lamarckismus früh abgelehnt hatte.

Angesichts dieser Unterschiede müssen wir uns fragen, warum sich Wallace trotzdem als Darwinist verstand. Die Antwort können wir in den Briefwechseln zwischen beiden nachlesen. Mit seinen Korrespondenten und Anhängern führte Darwin ausführliche Diskussionen um fachliche Fragen, auch die genannten mit Alfred Russel Wallace. Dabei erwartete er allerdings keineswegs, dass sie in allen Punkten mit ihm übereinstimmten, im Gegenteil, er war der Erste, der Gegenargumente einarbeitete oder Aussagen modifizierte. Wenn unterschiedliche Ansichten bestehen blieben, drückte Darwin stets sein Bedauern darüber aus, dass er sich dem jeweils anderen nicht anschließen könne. »Ich fürchte, in diesem Punkt kann ich ihnen nicht folgen«, lautete eine der höflichen Formulierungen, mit der Darwin Dissens ausdrückte.

Historiker haben häufig Mühe, rückblickend festzustellen, was Darwins Anhänger, von Alfred Russel Wallace, Asa Gray bis zu Thomas Henry Huxley oder Ernst Haeckel, miteinander verband. Wahrscheinlich führt es aber nicht weit, die Frage zu detailliert beantworten zu wollen. Überein kamen alle in der Überzeugung, dass sich Arten wandeln – und das in einem natürlichen Prozess. Wie groß die Rolle der Selektion dabei ist, nach welchen Kriterien selektiert wird, inwieweit der Mensch ihr unterliegt oder wie Merkmale vererbt werden – das waren Frage, die von Darwins Mitstreitern sehr unterschiedlich beantwortet wurden. Der Begründer der Evolutionstheorie nahm daran keinen Anstoß. In den unzähligen Forschungsprogrammen, die während der zweiten Hälfte des 19. Jahrhunderts zur Evolutionstheorie in Embryologie, Physiologie, Zoologie oder Botanik durchgeführt wurden, setzten Forscher sehr unterschiedliche Schwerpunkte. Die Elemente von Darwins Theorie wurden immer wieder neu gewichtet und gegeneinander abgewogen. Diesen Spielraum sah Darwin offensichtlich nicht im Widerspruch zu seiner Theorie. Welche Spannbreite seine Theorie selbst bot, ist Gegenstand des nächsten Kapitels.

III. Auf der Bühne: Darwin nach 1859

Kurzbiografie 1859 bis 1882

Darwins Leben nach 1859 lässt sich, mit Blick auf die äußeren Umstände, recht schnell zusammenfassen. Er blieb, wo er war, in Downe in der Grafschaft Kent. Abgesehen von Ausflügen nach London, wofür er eine Kutsche nach Bromley Station nahm und von dort aus etwa eine Stunde mit dem Zug fuhr, verließ er sein Zuhause fast nicht mehr. Außer einigen Erholungsreisen oder Wasserkuren in England, die ihm seine Krankheit aufzwang, unternahm er keine Reisen mehr. Woran er litt, ist ungeklärt. Die Symptome waren anhaltende Übelkeit und Magenprobleme; sie unterbrachen immer wieder seine Arbeit. Trotzdem war er intellektuell außerordentlich produktiv, er schrieb die evolutionstheoretischen Werke, die bis heute Bestand haben. In seinem Garten unterhielt er ein Gewächshaus, dort experimentierte er mit Pflanzen und kleinen heimischen Organismen. Darwin starb am 19. April 1882, wenige Monate nachdem er sein letztes Buch über *Die Bildung der Ackererde durch die Tätigkeit der Würmer* publiziert hatte, und wurde in Westminster Abbey neben Isaac Newton begraben. Schon seine Zeit feierte ihn als einen der größten Wissenschaftler, ein Ruhm, der sich auf die Schriften gründete, die Thema dieses Kapitels sind.

1. Variierende Tauben und Menschen

Am 24. November 1859 erschien im Londoner Verlagshaus John Murray *On the Origin of Species by Means of Natural Selection, or the Preservation of Favoured Races in the Struggle for Life* (*Über die Entstehung der Arten durch natürliche Zuchtwahl, oder: Die Erhaltung der begünstigten Rassen im Kampfe ums Dasein*). Das Buch umfasste 502 Seiten, eingeschlagen in grünes, strapazierfähiges Buchbinderleinen. Trotz seiner schlichten Aufmachung lag der Preis mit vierzehn Schilling relativ hoch, eine Summe, die dem durchschnittlichen Wochenlohn eines Arbeiters entsprach. Beim Verlag war das Buch bereits am Erscheinungstag restlos vergriffen, zu Darwins Lebzeiten sollte es in sechs Auflagen erscheinen, verkauft wurden insgesamt 18 000 Exemplare. Gemessen an heutigen Verkaufszahlen mag das nicht viel erscheinen, für ein wissenschaftliches Buch bedeutete es aber im 19. Jahrhundert einen Erfolg. Darwins spätere Werke wurden von Anfang an in höherer Auflage gedruckt: *Der Ausdruck der Gemütsbewegungen bei dem Menschen und den Tieren*, veröffentlicht im Jahr 1872, verkaufte sich innerhalb weniger Monate 9 000 Mal. Insgesamt, zählt man die überarbeiteten Neuauflagen mit, publizierte Darwin bis zu seinem Tod zweiunddreißig Bücher, vierzehn vor und achtzehn nach 1859.

Dieses Kapitel führt durch Darwins Œuvre nach 1959, allen voran natürlich die drei Hauptwerke: *Die Entstehung der Arten* (1859), *Die Abstammung des Menschen* (1871) und *Der Ausdruck der Gemütsbewegungen* (1872). Abstecher werden wir auch zu den heute weniger bekannten Büchern machen, zu seinen Monografien über Orchideen, Kletterpflanzen oder Regenwürmern. Dies zum einen, weil sie in der Rezeption eine wichtige Rolle spielten. In der öffentlichen Wahrnehmung sorgten diese monografischen Arbeiten – Evolution wurde in ihnen weniger offensiv behandelt – für einen ruhigeren Puls: Den aufsehenerregenden Werken folgte stets eine detailversessene Fachpublikation, die von Hobbygärtnern, Orchideenzüchtern und Gewächshausbetreibern begeistert gelesen wurde. Zum anderen spiegeln diese Bücher gleichzeitig die im Landhaus in Downe intensiv betriebenen Forschungen im Garten und Gewächshaus wieder, Darwins systematisches Interesse an ökologischen Systemen und kleinen Organismen. Die Kronzeugen der Evolutionstheorie waren häufig nicht größer als ein Fingernagel.

Die Gliederung dieses Kapitels folgt einer Beobachtung von Ernst Mayr, Zoologe und einer der bedeutendsten Evolutionsbiologen des 20. Jahrhunderts. Es war Mayr, der darauf hinwies, dass es sich bei der Evolutionstheorie nicht um eine monolithische Theorie handelt, sondern genau genommen um ein Paket von fünf Theorien. Folgerichtig spricht Mayr stets im Plural von »Darwins Evolutionstheorien« und unterscheidet, erstens, die Annahme, dass Arten veränderlich seien; zweitens, dass sie alle einen gemeinsamen Ursprung haben; drittens, dass Evolution ein kontinuierlicher Prozess kleiner Schritte ist, der keine sprunghaften Veränderungen kennt; viertens, dass sich Arten in neue aufspalten und fünftens, dass dieser Prozess von der natürlichen Selektion bestimmt wird.[54] Es ist dieses Theorienbündel, das Darwins Werke durchläuft, und entsprechend werden wir im Fortlauf seine Veröffentlichungen behandeln. Seine Bücher werden nicht einzeln und nacheinander besprochen, sondern die roten Fäden werden herausgezogen und in ihrer thematischen Verknüpfung vorgestellt.

Als Darwins *Entstehung der Arten* 1859 erschien, signalisierte bereits die Aufmachung, dass es sich um ein streng wissenschaftliches Buch handle. Die Gestaltung war schlicht, auf ein ornamentales Titelblatt hatte man verzichtet, beim Aufschlagen fand der Leser stattdessen eine Liste mit den akademischen Mitgliedschaften des Autors: »Fellow of the Royal, Geological, Linnean, etc., Societes«. Der ursprüngliche Vorschlag des Autors, das Werk *Auszug einer Abhandlung über die Entstehung der Arten und Varietäten durch natürliche Zuchtwahl* zu nennen, war vom Verleger John Murray abgelehnt worden – zu gewunden, zu vorläufig, zu bescheiden. »Auszug« und »Abhandlung« klangen nicht nach einer epochemachenden Theorie und wurden wieder gestrichen. Trotzdem prägte die für Darwin typische Vorsicht das Buch. Die Frage, ob auch der Mensch Teil der Evolution sei, sparte dieses Werk aus, der deutliche Versuch, die Diskussion vor der Eskalation zu bewahren. »Licht wird auf den Ursprung der Menschheit und ihre Geschichte fallen«, schrieb er an einer Stelle, der einzige Hinweis auf die Evolution des Menschen, die er bis auf diesen Satz im ganzen Buch ausklammerte. (EA[6], 576)

Ein Blick in das Inhaltsverzeichnis zeigt, wie treffend Mayrs Rede von Evolutionstheorien im Plural und ihre Unterteilung in mehrere Komponenten ist. Auch Darwin führte den Lesern seine Evolutionstheorie als eine Art Baukastensystem vor: In der *Entstehung der Arten* behandelt er zuerst Variation (1. und 2. Kapitel), dann Selektion (3. und 4. Kapitel), anschließend die Gesetze der Vererbung (5. Kapitel) und dekliniert dann Evolution durch sämtliche Fachgebiete, von verhaltenswissenschaftlichen Beobachtungen über Paläontologie bis hin zur Embryologie (7. bis 13. Kapitel). Das Buch enthält eine einzige Abbildung (Abb. 7), eine ausfaltbare Tafel mit einem Evolutionsdiagramm, das dazu dient, den Lesern das Ineinandergreifen von Variation und Selektion und ihre Folgen vor Augen zu stellen. Wir überblicken das Panorama der Evolution, das sich Darwin als kleine Skizze 1837 bereits notiert hatte. Eine Besonderheit ist das sechste Kapitel, in dem Darwin unter der Überschrift »Schwierigkeiten der Theorie« seinen eigenen Advocatus Diaboli spielt. Dort behandelt er mögliche Gegenargumente, eine Sorgfalt, die in der Geschichte der Wissenschaft einzigartig bleibt. Darwin gibt also nicht vor, bereits alle Fragen abschließend behandelt zu haben, sondern weist selbst auf Schwachstellen hin, die, wie er hofft, von nachfolgenden Forschergenerationen weiter erforscht werden sollen.

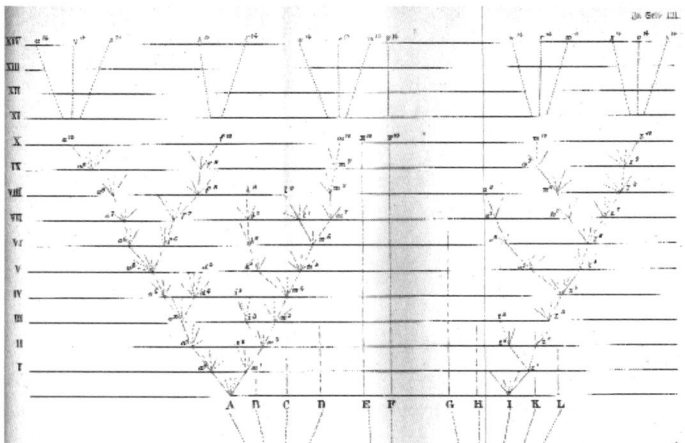

Abb. 7: Darwins Evolutionsdiagramm aus *Die Entstehung der Arten* von 1859

Der Aufbau des Buches führt dem Leser die Theorie als einen Weg vom Bekannten zum Unbekannten vor, von der Beobachtung zur Theorie. An den Anfang stellt Darwin nun das Beispiel der Tauben, sie treten an die Stelle der Galápagosfinken, um das Phänomen der Variation zu erklären. Dass es wieder Vogelarten sind, auf die Darwin zurückgreift, ist dabei kein Zufall, sondern englische Tradition. Die Vogelwelt war die populärste Abteilung des Tierreichs in England, dem weltweit größten Buchmarkt, wo im 19. Jahrhundert mehr Vogelbücher erschienen als in ganz Europa zusammen. Zudem verfügte das Königreich über ein weitgespanntes Netz von Taubenzüchtern, die sich in Vereinen und

Fachgesellschaften organisiert hatten. Die Frage, wie Haustierrassen optimiert werden können – seien es Tiere für die Fleischproduktion, zum Arbeitseinsatz oder für die Liebhaberei –, war zu einem wichtigen Thema geworden, das auf Ausstellungen, Kongressen und in Fachgesellschaften erörtert wurde. Darwin eröffnete also sein Buch, indem er ein Beispiel aus dem Leben griff: Mit den Tauben hatte er eine ebenso gewöhnliche wie verbreitete Tierart ausgewählt, die nun zur Protagonistin seiner Theorie aufstieg. Es wird diese Mischung aus direkter Leseransprache, Praxisbezug und großräumigem Theoretisieren sein, die Darwins Werk von nun an charakterisiert. Über Wochen hatte sich Down House zwischen 1855 und 1858 in ein brodelndes Laboratorium verwandelt, in dem er Skelette auskochte und verglich. Er korrespondierte mit zahlreichen Taubenzüchtern, trat Tauben-Clubs bei, abonnierte das Fachblatt *Poultry Chronicle* und besuchte Wettbewerbsausstellungen.[55] Was später in der Genetik die Taufliege *Drosophila melanogaster* wurde, waren für Darwin und die Evolutionstheorie die Tauben: ein Modellorganismus. In der *Entstehung der Arten* erklärte er seinem Leser: »Von der Ansicht ausgehend, daß es am zweckmäßigsten ist, irgend eine besondere Thiergruppe zum Gegenstande der Forschung zu machen, habe ich mir nach einiger Erwägung die Haustauben dazu ausersehen. Ich habe alle Rassen gehalten, die ich mir kaufen oder sonst verschaffen konnte.« (EA[6], 40)

Unterscheiden müssen wir hier Entdeckungs- und Erklärungszusammenhang. Dazu gebracht, über Evolution nachzudenken und eine Theorie zu entwickeln, hatte Darwin frei lebende Organismen wie die Vögel der Galápagosinseln und die in Form von Fossilien überlieferten südamerikanischen Säugetiere. Nachdem er aber das System entworfen hatte, entwickelte er es anhand von Tauben weiter und stellte es seinen Lesern vor. Entdeckt hatte er also die Evolution anhand der Beagle-Sammlungen und erklärte sie nun an den Tauben. Warum sich die Tauben als Beispiel für das Prinzip der Variation so gut eigneten (besser als die Galápagosfinken) und welche Ursachen Darwin für den Mechanismus der Variation angibt, wollen wir im Folgenden näher betrachten. Bei der Frage, warum Tiere variieren, wird es deshalb auch um seine Vererbungstheorie gehen, die er 1868 in *Das Variieren der Tiere und Pflanzen* nachschob.

Ein Vorteil, den die domestizierten Arten gegenüber den wilden boten, lag auf der Hand. Ihr Stammbaum war bekannt und im Fall der Tauben auch unter Fachwissenschaftlern unumstritten. In der *Entstehung der Arten* hieß es: »Wie groß nun aber auch die Verschiedenheit zwischen den Taubenrassen sein mag, so bin ich doch überzeugt, daß die gewöhnliche Meinung der Naturforscher, daß alle von der Felstaube (*Columbia livia*) abstammen, richtig ist [...].« (EA[6], 42)

Darwin beginnt also sein Argument mit der Übereinkunft, alle Tauben stammten von der Felstaube ab. Er hatte damit das Beispiel herausgegriffen, auf das sich die meisten Züchter einigen konnten, ein Sonderfall, wie der Vergleich mit anderen Tierrassen zeigt. Ob beispielsweise Windspiel, Schweißhund, Pinscher, Bulldogge und Jagdhund von einer gemeinsamen Art abstammten, wurde nicht nur von Züchtern bezweifelt, sondern auch von Darwin selbst. Das Gleiche gilt für Hühner, Ziegen oder Schafe. »Über den Ursprung der meisten unserer Hausthiere wird man wohl immer ungewiß bleiben«, schrieb er (EA[6], 38). Für wilde Tierarten galt dies noch mehr. Ihr Ursprung lag ganz im Dunkeln, und Darwin hielt es auch für ratsam, darüber nicht zu spekulieren. Als 1844 das schon mehrfach erwähnte Werk *Die Natürliche Geschichte der Schöpfung* von Robert Chambers erschienen war, zog er für sich einen Schluss, den er an den Rand seines Exemplars notierte und sein Leben lang befolgte: »Ich werde keine Genealogien spezifizieren – viel zu wenig darüber bekannt zur Zeit.« (Mar, 164) Wir finden in Darwins Büchern dementsprechend keine konkreten Stammbäume. Es war Ernst Haeckel, der deutsche Zoologe und wortgewaltige Verfechter der Evolutionstheorie in Deutschland, der 1866 in seinem Werk *Generelle Morphologie der Organismen* die erste konkrete Umsetzung der darwinschen Theorie in die Taxonomie wagte und den Stammbaum der Säugetiere, den Menschen mit einbegriffen, zeigte.

Doch zurück zu den Tauben: Neben dem Vorteil, dass der Stammbaum der Tauben bekannt war, wiesen diese Tiere noch einen weiteren auf – den großen Formenreichtum, den die Zucht produziert hatte. Die Unterschiede, die Darwin aufführte, waren beträchtlich. Bei Tauben weichen Länge, Breite und Krümmung der Gesichtsknochen von Vogel zu Vogel ab, es variieren die Zahl der Rippen und Schwanzwirbel, Form und Größe der Eier und die Zehenbekleidung. Bei den einen ist die Öldrüse stark entwickelt, bei anderen verkümmert, es gibt Unterschiede im Flugverhalten, im Rufton und natürlich auch im Wesen. Darwin schloss daraus: »So könnte man wenigstens zwanzig Tauben auswählen, welche ein Ornitholog, wenn man ihm sagte, es seien wilde Vögel, unbedenklich für wohlumschriebene Arten erklären würde. Ich glaube nicht einmal, daß irgend ein Ornitholog die Englische Botentaube, den kurzstirnigen Purzler, die Runt-, die Barb- die Kropf- und die Pfauentaube in dieselbe Gattung zusammenstellen würde, zumal ihm von einer jeden dieser Rassen wieder mehrere erbliche Unterrassen vorgelegt werden könnten, die er Arten nennen würde.« (EA[6], 42)

Je nachdem, über welches Hintergrundwissen ein Betrachter verfügt, so Darwin, könne er die Tauben in Rassen, Arten oder sogar Arten in getrennte Gattungen unterteilen. Der Experte, der den Stammbaum kennt, sieht sie als Rassen; wüsste er jedoch davon nichts, so Darwin, müsste er die Vögel wegen ihrer morphologischen Unterschiede mindestens getrennten Arten zuordnen, wenn nicht sogar Gattungen. Spätestens hier ahnen wir, dass es sich nicht bloß um ein Gedankenexperiment handelt. Im Gegenteil: Wenn wir genau hinhören, stellen wir fest, dass Darwin ein Erlebnis seiner Reise nun anhand der Tauben wiedererzählt. Fünfundzwanzig Jahre zuvor hatte ihn auf hoher See beim Ordnen der Beagle-Sammlung die Frage, ob die Spottdrosseln der Galápagosinseln Varietäten oder Arten seien, zum ersten Mal an der Konstanz der Arten zweifeln lassen. Das Gleiche, er stellte es nur später fest, passierte ihm bei den Galápagosfinken, die er sogar für verschiedene Arten fremder Gattungen gehalten hatte – und die sich nach der Bestimmung durch einen Londoner Spezialisten als eine Gattung entpuppten. Offenbar blieb ihm aber John Gould, mit dem Bestimmen der Vögel beauftragt, die Antwort darauf schuldig, wie und nach welchen Kriterien er bei der Klassifikation verfahren war. Darwins Ratlosigkeit diesbezüglich zeigte sich, wo immer er die Vögel der Galápagosinseln behandelte, sowohl im dritten Band von *Zoology of the H. M. S. Beagle* als auch im Reisebericht *Die Fahrt der Beagle*. Im Reisebericht verwies er bei jeder Artbezeichnung auf Gould: die Galápagos-Schwalbe, »die [...] von Mr. Gould als spezifisch gesondert betrachtet wird«; eine »ganz eigentümliche Gruppe Finken«, »die Mr. Gould in vier Untergruppen eingeteilt hat«; »[...] wenn Mr. Gould recht damit hat, seine Untergruppe *Certhidea* der Hauptgruppe zuzurechnen« etc. (FB, 500). Nirgends jedoch finden wir einen Hinweis darauf, warum die Klassifikation so und nicht anders vorgenommen worden war. Mit den Tauben schritt Darwin also seine Forschung in umgekehrter Richtung noch einmal ab; dass sie für die Finken einsprangen, verrät sich an zahlreichen Stellen. In der *Entstehung der Arten* erläutert Darwin:

»Ich habe den wahrscheinlichen Ursprung der zahmen Taubenrassen mit einiger, wenn auch noch ganz ungenügender Ausführlichkeit besprochen, weil ich selbst zur Zeit, wo ich anfing, Tauben zu halten und ihre verschiedenen Formen zu beobachten und während ich wohl wußte, wie rein sich Rassen halten, es für ganz eben so schwer hielt zu glauben, daß alle ihre Rassen, seit sie zuerst domesticirt wurden, einem gemeinsamen Stammvater entsprossen sein könnten, als es einem Naturforscher schwer fallen würde, an die gemeinsame Abstammung aller Finken oder irgend einer anderen Vogelgruppe im Naturzustand zu glauben.« (EA[6], 47)

Im Falle der Finken, deren Entstehungsgeschichte unbekannt war, konnte Darwin die gemeinsame Abstammung nicht beweisen, wenngleich er davon überzeugt war. Bei den Tauben aber kannte man den Stammbaum, die zahlreichen Rassen teilten die Felstaube *Columbia livia* als Vorfahren. Indem er Haustierrassen als Belegbeispiele heranzog, tauschte Darwin den Augenschein gegen die Gewissheit. Es verdeutlicht uns, wie wenig Evolution ein Naturphänomen ist, auf das sich einfach mit dem Finger deuten lässt. Der Evolutionsprozess vollzieht sich zu langsam, als dass wir ihn in direkter Anschauung beobachten könnten, er übersteigt die Beobachtungszeit oder sogar Lebenszeit des Betrachters um Jahrtausende. Der Evolutionstheoretiker findet nur die Resultate vor, die Produkte dieses Prozesses, aus denen er den Verlauf erschließen muss. Er gleicht in diesem Sinne einem Detektiv, der am Tatort eintrifft. Aus dem Vorgefundenen muss er das Geschehen, das in der Vergangenheit liegt, rekonstruieren. Was dem Detektiv Fingerabdrücke, Fußspuren oder zurückgelassene Gegenstände sind, ist die beobachtbare Natur für den Evolutionstheoretiker: von den lebenden Tieren bis hin zu den Fossilien. Sie bergen die Geschichte ihrer Entstehung.

Für Darwin, der noch nicht die Möglichkeit hatte, das Erbgut von Tieren mithilfe von DNA-Analysen zu untersuchen und auf diesem Weg die Geschichte zu analysieren, war das Variieren der Arten einer der deutlichsten Hinweise. Wie im Zeitraffer veranschaulichten die Tauben den zerdehnten Prozess der Evolution: Wofür die Selektion in der freien Natur Jahrtausende benötigte, schuf der Züchter innerhalb weniger Generationen.

Wie wir gesehen haben, kehren die zweifelhaften Arten in seinen Werken immer wieder – im Reisebericht, in *A Monograph on the sub-class Cirripedia* und in der *Entstehung der Arten*. Bis heute haben die Naturforscher in der Frage, wie Arten zu definieren seien, keine Einigung erzielt. Am verbreitetsten ist die Ansicht, dass es sich bei Arten um Fortpflanzungsgemeinschaften handelt: Eine Art wäre demnach eine Art, wenn sich die Tiere dieser Gruppe untereinander paaren und fruchtbaren Nachwuchs zeugen. In den meisten Fällen unterscheiden sich diese Tiere morphologisch zureichend, so dass sie anhand von körperlichen Merkmalen getrennt werden können. Es gibt aber auch Beispiele, bei den Vögeln etwa, wo sich keine morphologischen Unterschiede ausmachen lassen und nur abweichende Gesänge dazu führen, dass getrennte Fortpflanzungsgemeinschaften gebildet werden. Zwei Vögel mögen sich also im Aussehen gleichen, weil sie aber unterschiedlich singen und bei der Balz andere Partner bewerben, müssen sie als zwei Arten behandelt werden. Was eine Art oder Variation ist, lässt sich also einem Tier nicht immer einfach ansehen, schon gar nicht, wenn wir sein Verhalten nicht kennen und es nur als Balg vorliegen haben.

Damit wären wir bei einem wichtigen Merkmal der darwinschen Theorie angelangt: der Fähigkeit, Unsicherheit in eine produktive Einsicht zu wenden. Wie wir im Kapitel über die Londoner Sammlungen gesehen haben, wurden die Trennlinien zwischen Art und Varietät umso verschwommener, je mehr Tiere in London eintrafen. Die Fachwelt war gespalten: Eine Fraktion glaubte, es müssten neue, bessere Kriterien gefunden werden, um klare Unterscheidungen zu treffen und die Ordnung wiederherzustellen; die andere Fraktion, darunter Darwin, begann, dem gegenwärtigen Zustand der zoologischen Sammlungen mehr zu vertrauen als dem Versprechen einer zukünftigen Wiederherstellung der Ordnung. Die Unordnung schien nicht mehr den Blick auf die Natur zu verstellen; sie war ihr Abbild. Damit hatte Darwin das Problem vollkommen anders gefasst: Er erklärte die Ambivalenz der Natur zur Tatsache und lieferte mit der Evolutionstheorie die Erklärung dafür.

Der Großteil des Materials, das Darwin bis 1859 über das Variieren von Arten in der Natur gesammelt hatte, fiel der Eile zum Opfer. Wallaces Brief hatte ihn dazu bewogen, sein Werk über *Die Entstehung der Arten* schnell zu veröffentlichen, und so bot das Buch, trotz seiner über fünfhundert Seiten, nur ein kleines Fenster in den immensen Forschungsreichtum. Diesen breitete Darwin neun Jahre später, als *Das Variieren der Tiere und Pflanzen* erschien, in zwei Bänden aus. Sie wurden 1868 publiziert, das Phänomen der Variation führte das Werk diesmal im Titel.

Im Aufbau glichen sich beide Bücher, in der *Entstehung der Arten* wie in *Das Variieren der Tiere und Pflanzen* erklärte Darwin seine Theorie gestaffelt: zuerst die Variation, dann die Selektion, schließlich das Ineinandergreifen der zwei Prinzipien. Darüber hinaus enthielt *Das Variieren der Tiere und Pflanzen* eine erschlagende Fülle von Beispielen: Neben zwei neuen Kapiteln über Tauben besprach der Autor zusätzlich auch das Variieren von Haushunden, Katzen, Pferden, Eseln, Schweinen, Rindern, Schafen, Ziegen, Hühnern, Enten, Gänsen, Truthähnen bis zu den Goldfischen, Bienen, Schmetterlingen – und Pflanzen: von der Erbse bis zur Rose. Zwischen die Buchdeckel schüttete Darwin nun sein gesammeltes Forschungsmaterial, viel davon hatte er bereits in den 1840er und 1850er Jahren erarbeitet. Den wortreichen Beschreibungen lieferte er 1868 außerdem zahlreiche Abbildungen nach, mehrheitlich Tierillustrationen, die er ebenfalls bereits vor 1859 besaß. Als Thomas Henry Huxley im Februar 1860 an der Royal Institution einen Vortrag über die Evolutionstheorie hielt, bestückte ihn Darwin mit Taubenbildern aus seinem eigenen Bestand (Corr 7, 428). In der *Entstehung der Arten* hatte Darwin sie nicht gezeigt, erst 1868, in *Das Variieren der Tiere und Pflanzen*, tauchten sie als Illustrationen auf.

Die wesentliche theoretische Neuerung, die *Das Variieren der Tiere und Pflanzen* enthielt, betraf die Vererbung. In der *Entstehung der Arten* hatte Darwin noch recht allgemein formuliert, die Auswahl der Tiere, die der Züchter treffe, sei »der Zauberstab, mit dessen Hülfe er jede Form in's Leben ruft, die ihm gefällt« (EA^6, 50). Auf welche Weise Merkmale bei der Fortpflanzung vererbt würden, blieb dabei noch offen. Diese Leerstelle füllte im *Variieren der Tiere und Pflanzen* die »provisorische Hypothese der Pangenesis«, die Darwin in drei Kapiteln vorstellte. Zusammengefasst lautet die Theorie: Jede Formeinheit – heute würden wir von Zellen sprechen – besitzt freie Keimchen, die fortwährend ausgestoßen werden und im ganzen Körper verstreut sind. Die Keimchen besitzen die Fähigkeit, sich zu ähnlichen Formeinheiten zu entwickeln; sie vermehren sich durch Selbstteilung wie unabhängige Organismen. Darwin stellt sich diese Keimchen, wie er schreibt, »unendlich klein« vor. Dabei besitzen sie jedoch die Fähigkeit zu wachsen und sich zu Sexualelementen zu verbinden. Ob sie sich entwickeln, hängt von der Vereinigung mit anderen in der Entstehung begriffenen Zellen oder Einheiten ab. Nur im Falle einer Vereinigung würden Merkmale weitervererbt. Wie Darwin beobachtet hatte, war es zur Vererbung eines »eigenthümlichen Characters hinreichend, daß nur eins der beiden Eltern denselben besitzt, wie in den meisten Fällen, in denen die selteneren Anomalien überliefert worden sind«. Das Vermögen dieser Überlieferung sei jedoch »äußerst variabel«, einige Individuen böten »dies Vermögen in großer Vollkommenheit dar und bei einigen fehlt es vollständig« (VTP I, 496). Zur Erläuterung greift Darwin, geprägt von seinen botanischen Arbeiten, auf eine Metapher aus der Gärtnerei zurück: Jedes Tier, jede Pflanze, so Darwin, könne mit einem Humusbeet verglichen werden, das »voll von Samen ist, von denen einige keimen, einige lange Zeit schlummern, während andere umkommen« (VTP II, 438). »Für diese Verschiedenheit« aber, dass also einige Merkmale vererbt würden und andere nicht, lasse »sich kein Grund anführen«. Darwin zieht dabei auch Umweltfaktoren wie den lange fortgesetzten »Gebrauch oder Nichtgebrauch von Theilen« (VTP I, 496) in Betracht und vertritt damit eben das, was wir heute eine lamarckistische Vererbungstheorie nennen würden.

Zur gleichen Zeit, als Darwin in England über den möglichen Vererbungsmechanismus nachdachte, forschte Gregor Johann Mendel, ein Mönch in Böhmen, über dasselbe Problem. Mendel führte zwischen 1855 und 1864 zahlreiche Kreuzungsversuche mit Pflanzen in seinem Klostergarten in Brünn durch und entdeckte dabei, dass Merkmale von zwei Faktoren bestimmt werden. Bei Kreuzungsversuchen an reinrassigen Zuchtformen von Erbsen fiel ihm auf, dass Merkmale jeweils von der weiblichen und von der männlichen Seite der Elterngeneration stammten und dass diese in der Fortpflanzung kombiniert wurden. Das allein hervortretende bezeichnete er als »dominierend« und das nicht erscheinende als »rezessiv«, Begriffe, die von der späteren Genetik übernommen wurden. Mendels Experimente zeigten, dass bei Kreuzungen von unterschiedlichen Merkmalen so viele neue Merkmale entstehen, wie Kombinationsmöglichkeiten gegeben sind. Merkmale werden demnach, ohne sich zu vermischen, von der Stammform auf die Nachkommen übertragen. Obwohl Mendel seine Forschungen in mehreren Aufsätzen publizierte, wurden sie zu seinen Lebzeiten (er starb 1884) nicht zur Kenntnis genommen und erst zwei Jahrzehnte darauf wiederentdeckt. Zusammen mit den Untersuchungen August Weismanns ebneten sie den Weg für die Entwicklung der modernen Genetik.

Als weitsichtig erwies sich, mit Blick auf die Vererbung, Darwins Theorie der Korrelation. Sie besagt, dass einige Merkmale von Organismen miteinander verknüpft sind und deshalb gekoppelt auftreten. Als Beispiele führt Darwin Korrelationen zwischen Schädelform und Federnbusch bei den Vögeln an, zwischen Schädel und Hörnern bei den Schafen oder zwischen Hörnern und Fell bei den Ziegen. Im *Variieren der Tiere und Pflanzen* heißt es zu Letzteren, dass »nur weiße Ziegen, welche Hörner haben, ein Vlies mit langen gekräuselten Locken haben, welches so sehr bewundert wird; die, welche nicht gehörnt sind, haben eine vergleichsweise grobe Bekleidung« (VTP II, 350).

Wie umfassend Darwin das Variationsprinzip verstanden wissen wollte, wurde schließlich 1871 mit dem Erscheinen der *Abstammung des Menschen* deutlich. Bereits in der ersten Auflage hatte er ausgeführt, dass die postulierte Ähnlichkeit zwischen Mensch und Tier nicht nur in physiologischer oder anatomischer Hinsicht gemeint war, sondern auch Geist, Wesen und Verstand umfasste. Und folgerichtig waren nicht nur die körperlichen Eigenschaften der Variation unterworfen, sondern auch die geistigen. Im dritten Kapitel hieß es zusammenfassend über die Geisteskräfte der Tiere: »Die Individuen einer und derselben Species zeigen gradweise Verschiedenheit im Intellect von absoluter Schwachsinnigkeit bis zu großer Trefflichkeit. Sie sind auch dem Wahnsinn ausgesetzt, wenn schon sie weit weniger oft daran leiden als der Mensch.« (AM[6] I, 102)

Intelligenz war also ebenso der Variation unterworfen wie Fellfarbe oder Schnabelform. Diese Beobachtung dehnte Darwin auch auf das Schönheitsempfinden aus. Mit Blick auf unterschiedliche Kolibriarten wies er darauf hin, dass »der Geschmack der verschiedenen Species gewiss verschieden« (AM[6] II, 104) sei. Kolibriweibchen bevorzugten bei der Partnerwahl sehr unterschiedlich aussehende Männchen. Für das breite Spektrum des Schönheitsempfinden bei den Vögeln führte er außerdem das verzierte Nest des Kragenvogels an, die Haube des Schirmvogels, die orangefarbenen Hautsäcke des Waldhuhns oder das Ornament des Argusfasans. Folgerichtig galt dies auch für den Menschen. In der *Abstammung des Menschen* nannte er für die unterschiedliche Wahrnehmung von Schönheit bei den Menschen beispielsweise die großen Bärte der Angelsachsen, Orientalen oder Fidschi-Insulaner, die dem bartlosen Schönheitsideal der Männer von Tonga und Samoa gegenüberstünden, wo, wie er schreibt, das Tragen von Bärten verabscheut werde. »Wir sehen hieraus«, schloss Darwin, »wie sehr die verschiedenen Rassen des Menschen in ihrem Geschmacke für's Schöne verschieden sind.« (AM[6] II, 329) Nach Darwin gibt es also kein starres Schönheitsideal. Wenn Variation die Grundlage der Evolution ist, dann variieren nicht nur körperliche Merkmale wie Größe, Farbe oder Form, sondern auch geistige Eigenschaften wie Geschmack, Schönheitsempfinden oder Intelligenz.

2. Selektierte Pflanzen und Pfauen

Das zweite Element der Evolutionstheorie, die Auslese, ist der andere rote Faden, der Darwins Werke durchzieht. Es taucht dabei in mindestens drei begrifflichen Varianten auf: als »natürliche Auslese« (natural selection), »Überleben des Bestangepassten« (survival of the fittest) und »Ringen um's Überleben« (struggle for existence). Die Unterschiede zwischen diesen Spielarten wollen wir uns genauer ansehen, da an ihnen einige der wichtigsten Auseinandersetzungen um die Evolutionstheorie hängen.

Der älteste von den drei Begriffen ist die »natürliche Auslese«. Wie wir gesehen haben (s. Abb. 3), war Selektion schon früh Bestandteil der darwinschen Evolutionstheorie: Als abreißende Linien trug er sie bereits 1837 in seine erste Diagrammskizze ein. »Muss der Fall sein, dass damals eine Generation so viele Lebewesen haben sollte wie jetzt«, schrieb er rechts oben neben die Zeichnung in *Notebook B* und fuhr fort: »Um dies zu tun und um viele Arten in derselben Gattung zu haben (wie es der Fall ist) VERLANGT es Aussterben.« (Notebook B, 36) Die Zahl der lebenden und ausgestorbenen Arten ist daher in der Skizze aufeinander bezogen: Wenn wir die auslaufenden und quer abgeschlossenen Striche nachzählen, stehen zwölf ausgestorbenen Arten dreizehn lebende gegenüber. Numerisch überlappen die dreizehn lebenden Arten die zwölf ausgestorbenen also um eine weitere, die bei Konstanz der Ressourcen den Wettkampf produziert, den Darwin im September 1838 nach der Lektüre von Thomas Robert Malthus' *Essay on the Principle of Population* »natürliche Selektion« nennt.

Die Theorie des englischen Ökonomen traf, was Darwins Zeichnung vorführt: In seinem Traktat von 1798, das noch im selben Jahr unter dem Titel *Das Bevölkerungsgesetz* auf Deutsch erschien, hatte Malthus die Entwicklung der Bevölkerungszahl einer Gesellschaft mit der Entwicklung der Nahrungsmittelversorgung ins Verhältnis gesetzt. Sein Grundgedanke lautete dabei, dass die Bevölkerung schneller wachse als die Nahrungsmittelproduktion, im Gleichgewicht würden beide gehalten, da Kriege, Krankheiten und Hungersnöte die Menschheit dezimierten, zusätzlich auch gesellschaftliche Faktoren wie etwa Enthaltsamkeit. Malthus wollte daraus ableiten, dass auf Armenfürsorge verzichtet werden müsse, da diese unweigerlich zu einer Bevölkerungsexplosion führe – zu Unrecht, wie wir heute wissen. Er hatte sich in mindestens zwei Annahmen geirrt: Zum einen konnte die Nahrungsmittelproduktion mit dem Bevölkerungswachstum mithalten, Hunger ist in unseren Tagen das Produkt von ungerechter Verteilung, nicht von Knappheit. Zum anderen führt sozialer Aufstieg nicht zu allen Zeiten dazu, dass Familien mehr Kinder bekommen, im Gegenteil, mit steigendem Wohlstand können – wie heute – die Nachwuchszahlen auch sinken. Nichtsdestotrotz übte Malthus' Ansicht, Hunger, Krieg oder Armut seien gottgewollte Regulierungsmechanismen und unabänderlicher Bestandteil menschlichen Daseins, erheblichen Einfluss aus. Nach wiederholten Lebensmittelunruhen wurden in England 1834 die Armengesetze novelliert. Das bisherige System der Armenwohlfahrtspflege, in dem die jeweiligen Kirchengemeinden sich um Notleidende kümmerten, wurde durch Arbeitshäuser abgelöst, in denen die Bedürftigen ihr Brot mit Arbeit verdienen sollten.

Von Malthus leitete Darwin den Begriff der »natürlichen Auslese« ab. »Man könnte sagen«, notiert er 1838 in *Notebook D* im Anschluss an die Lektüre von Malthus, »dass es eine Kraft wie hunderttausend Keile gibt, die versucht, jede angepasste Struktur in die Lücken des Naturhaushalts zu zwingen, oder eher Lücken zu bilden, indem Schwächere herausgestoßen werden.« (Notebook D, 135e) Das Phänomen, dass Nachwuchs dezimiert wird oder sogar Arten aussterben, war jedoch in den naturgeschichtlichen Disziplinen schon länger bekannt, Malthus' Bedeutung für Darwin sollte daher nicht überschätzt werden. In der *Entstehung der Arten* führt er in diesem Zusammenhang beispielsweise den schwedischen Naturforscher Linné und dessen Berechnung an, dass, wenn eine einjährige Pflanze nur zwei Samen erzeugte und ihre Sämlinge im nachfolgenden Jahr wieder zwei geben und so weiter, »sie in zwanzig Jahren schon eine Million Pflanzen liefern würde« (EA[6], 86). Darwin rechnet in demselben Passus vor, dass, wenn eine Elefantenkuh in ihrem Leben sechs Junge zur Welt bringe, die alle durchkämen, im Verlauf von »740-750 Jahren nahezu neunzehn Millionen Elefanten, Nachkömmlinge des ersten Paares, am Leben« seien.

Was Malthus auf menschliche Gesellschaften ausdehnte, war in der Naturgeschichte also ein häufig beobachtetes und gut beschriebenes Phänomen: Sowohl in *Notebook D* als auch in der *Entstehung der Arten* nennt Darwin den Botaniker Alphonse de Candolle und dessen Rede vom »Krieg der Natur« (Notebook D, 135e) als Gewährsmann; in seiner Bibliothek finden wir auch William Smellies *Philosophy of Natural History* von 1799, in der ein von ihm markierter Abschnitt ebenfalls den »Kreislauf des Lebens und der Zerstörung« thematisiert. Weitere Autoren sprachen zuvor von der Natur als »Polizist« (nature's policeman) oder »Besen« (nature's broom), was ebenfalls die Vorstellung einschloss, dass Schwächere ausgesiebt würden: Geschwächte Organismen wurden Beute von Fressfeinden, verhungerten schneller oder fielen widrigen Umweltbedingungen zum Opfer.[56]

Ähnlich verhielt es sich mit dem zweiten Begriff, dem »struggle for existence«. Auch diese Formulierung konnte Darwin sowohl bei Malthus lesen als auch in Charles Lyells *Principles of Geology*. Beide Autoren beschrieben die vielfachen Widerstände, denen Tiere und Pflanzen in der Natur trotzen müssen, um zu überleben. Die Umwelt, das zeigen uns diese Beispiele, wurde in der ersten Hälfte des 19. Jahrhunderts nicht mehr als ein stabiles harmonisches System gesehen: Arten kamen und verschwanden, die vielen in diesem Zeitraum gefundenen Fossilien führten es vor. Gleichzeitig produzierte die Natur fortwährend Überschuss, der aufgefressen wurde, verhungerte, erfror oder vereinsamte, d.h. ohne Nachkommen blieb. Alle diese Ursachen, die das Aussterben einer Art nach sich ziehen können, bezeichnete der »struggle for existence«, mit der unglücklichen Wendung »Kampf um's Dasein« ins Deutsche übertragen, der das Sich-Durchschlagen des englischen »struggle« zu einer kämpferischen Auseinandersetzung mit einem Gegner macht. Wichtiger allerdings als die Konkurrenz innerhalb einer Art oder zwischen verschiedenen Arten ist die Frage, wie gut ein Organismus an die Umwelt angepasst ist. Als Darwin in der *Entstehung der Arten* den Begriff einführte, erläuterte er ihn am Beispiel einer Pflanze, die »am Rande der Wüste um ihr Dasein gegen die Trocknis« kämpft (EA[6], 84). Die Pflanzen, die Wasser speichern können und länger ohne Feuchtigkeit auskommen, werden überleben, die Pflanzen ohne diese Fähigkeit vertrocknen. Von einem wortwörtlichen Krieg der Natur, so wie ihn der »Kampf ums Dasein« evoziert, ist die Frage, wie ein Organismus von seiner Umwelt abhängt, also weit entfernt. Im öffentlichen Bewusstsein setzte sich aber dennoch eben dieses Naturbild durch, Kampf und Krieg wurden zu Synonymen der Selektion. In Georg Büchmanns populären Zitatenschatz *Geflügelte Worte* wurde »Kampf ums Dasein« 1871 aufgenommen. Die Wendung fand sich nun zwischen Zitaten von Goethe, Schiller oder Shakespeare.

Nachdem Darwin *Die Entstehung der Arten* veröffentlicht hatte, kam im Zuge der an das Buch anschließenden Diskussionen noch eine dritte Formulierung ins Spiel. In den *Prinzipien der Biologie*, das 1864 in drei Bänden erschien, führte der Philosoph und Soziologe Herbert Spencer den Begriff »survival of the fittest« ein. Mit Bezug auf Darwin schreibt er nun, »dieses ›survival of the fittest‹ ist das, was Mr. Darwin ›natürliche Selektion‹, oder die Erhaltung der begünstigsten Varietäten im Ringen um die Existenz genannt hat«[57]. Alfred Russel Wallace, mit dem Darwin ausführlich über die Vor- und Nachteile der verschiedenen Begriffe korrespondiert, rät ihm, die von Spencer geprägte Formulierung zu übernehmen (Corr 14, 227). Darwin fügt die Wendung »survival of the fittest« 1869 in die fünfte Auflage der *Entstehung der Arten* ein, wo er sie nun synonym mit »natural selection« verwendet. »Natural Selection, or the Survival of the Fittest« ist von da an der Titel des vierten Kapitels.

Mit keinem dieser drei Begriffe, das sollte sich bald zeigen, war Darwin zufrieden. Wenn wir uns den letzten vornehmen, können wir die Akzentverschiebungen, die jede dieser Wendungen mit sich bringt, deutlich nachvollziehen. Während »natural selection« lediglich den Mechanismus bezeichnet, die Tatsache, dass nicht alle Nachkommen überleben, sondern einige aussortiert werden, gibt »survival of the fittest« scheinbar einen Hinweis auf das Kriterium, nach dem die Auslese stattfindet. »Fitness« ist zwar ein dehnbarer Begriff, er führt aber leicht zur Annahme, dass es beim Überleben gelte, einen anderen Organismus durch Körperkraft zu besiegen. Diese Tendenz wurde im Deutschen noch verstärkt, indem »survival of the fittest« als »Überleben des Stärkeren« übersetzt wurde. Letzteres legt recht deutlich die Vorstellung nahe, in der Natur ginge es zu wie in einer Gladiatorenarena: Der Größte, Stärkste, mit den gefährlichsten Waffen Ausgestattete setzt sich durch. Ein falscher Eindruck, wie sich Darwin bemüht, richtigzustellen. Er schreibt:

»Es ist sehr schwer, sich immer zu erinnern, daß die Zunahme eines jeden lebenden Wesens fortwährend durch unbemerkbar schädliche Einflüsse gehemmt wird und daß dieselben unbemerkbaren Einflüsse vollkommen imstande sein können, Seltenheit und endlich Ausrottung zu bewirken. Dies wird jedoch so wenig im Auge behalten, daß ich wiederholt gehört habe, wie man sich verwunderte, daß so große Tiere wie das Mastodon und die älteren Dinosaurier haben untergehen können, als ob die bloße Körperkraft schon ausreiche, den Sieg im Kampfe ums Dasein zu erringen. Im Gegenteil konnte gerade beträchtliche Größe [...] in vielen Fällen wegen des größeren Nahrungsbedarfs das Aussterben beschleunigen.« (EA[6], 406)

Als weiteres Beispiel fügt er die flugunfähigen Käfer hinzu, die auf der Insel Madeira leben. Von den 550 Käferarten, die Madeira bewohnen, hätten 200 unvollkommene Flügel und könnten nicht fliegen, berichtet Darwin. Wie er ausführt, könne darin ein Überlebensvorteil liegen. Er stellt die Theorie auf, dass die flugtüchtigen von den starken Winden über Teilen der Insel ergriffen und im Meer versenkt worden seien. Die Käfer dagegen, die verkrüppelte Flügel hätten und in Bodennähe blieben, überlebten (EA[6], 161). Körpergröße befördert das Aussterben des Wollhaarmammuts Mastodon, verkrüppelte Flügel sichern das Überleben der Käfer auf Madeira. Selektion deckt sich also mit den üblichen Vorstellungen von Stärke nicht.

Wenn das »survival of the fittest« – inzwischen am treffendsten mit dem »Überleben des Bestangepassten« übersetzt – häufig falsche Assoziationen weckte und Organismen zu Kampfmaschinen mutieren ließ, waren die anderen Begriffe ebenfalls nicht ohne Schwierigkeiten. Die Rede von der »natürlichen Auswahl« oder »natürlichen Selektion«, die Darwin dem Sprachgebrauch der Züchter entlehnte, verleitete viele Leser dazu, auch der Natur Eigenschaften wie intelligentes Handeln oder bewusstes Wählen zu unterstellen und sie damit in die Nähe eines absichtlichen »Designs« zu rücken. Die Hand des Züchters, die Darwin als Analogie ins Spiel gebracht hatte, evozierte die Vorstellung eines eingreifenden Schöpfers. In Briefen bedauerte Darwin immer wieder, nicht den Begriff »natural preservation« geprägt zu haben. Die passivische Wendung hätte dem Eindruck vorgebeugt, Evolution werde durch eine unsichtbare Hand gesteuert. »Wenn ich noch einmal von Neuem anfangen könnte«, schrieb er im September 1860 an Charles Lyell, »würde ich ›natural preservation‹ benutzen.« (Corr 8, 396) Zu guter Letzt war er auch mit der Formulierung »struggle for existence« unzufrieden: Gegenüber Wilhelm Preyer, einem deutschen Korrespondenten, erörterte er die unglückliche Mehrdeutigkeit des Begriffs und wies auch darauf hin, dass die deutsche Übersetzung »Kampf« nicht das englische Wort wiedergebe.[58]

Die Wortwahl, das war Darwin bewusst, setzte sehr unterschiedliche Akzente. Mit Selektion bezeichnete er ein Bündel von Wechselwirkungen zwischen Pflanzen, Tieren und Umwelt: Selektiert wird zum Beispiel, wenn zwei Individuen einer Art um eine ökologische Nische konkurrieren; wenn ein Raubtier ein anderes Tier erbeutet, wenn sich ein Individuum nicht fortpflanzt oder wenn es an den Umweltbedingungen zugrunde geht. Wer selektiert – Umwelt, Fressfeind, Artgenosse – ist offen. Wir können also festhalten, dass Darwin ein breites Deutungsspektrum anbietet, das er selbst in allen Facetten abschreitet: von der Pflanze, die der Trockenheit ausgesetzt ist, bis hin zu Wölfen, von denen jene die größten Überlebenschancen haben, die am schnellsten laufen und jagen können (EA[6], 112). Während Darwin jedoch mit vielen Begriffen und Beispielen haderte, schien vielen seiner Zeitgenossen deren Gebrauch leichterzufallen. »Natural selection« wurde fast durchgängig auf kämpferische Auseinandersetzungen reduziert, eine Engführung, die sich in der populären Presse in nicht abreißen wollenden Illustrationen mit kämpfenden Tieren niederschlug (Abb. 8). Durch das gesamte 19. Jahrhundert hindurch können wir beobachten, dass sich die Rezeption am meisten für Kampfsituationen interessierte, der politische Bezug ist dabei recht deutlich. Deutschlands kriegerische Auseinandersetzungen mit Frankreich, der Wille, Kolonien zu erobern, spiegelte sich in einem Naturbild, das die totale Mobilmachung der organischen Welt ausmalte. In der deutschen populären Presse finden wir in diesem Zeitraum zahlreiche Abbildungen, die mit Bezugnahme auf Darwin Tiere in Kampfsituationen zeigten, von Mensch und Mammut bis zu Krake und Käfer. Bei Darwin findet sich keine einzige solche Illustration.

Wer heute Bücher zur Vorzeit aufschlägt, wird aber schnell feststellen, dass sich der Blick des 19. Jahrhunderts auf die Geschichte als eine Kette von Kriegen fortgesetzt hat.

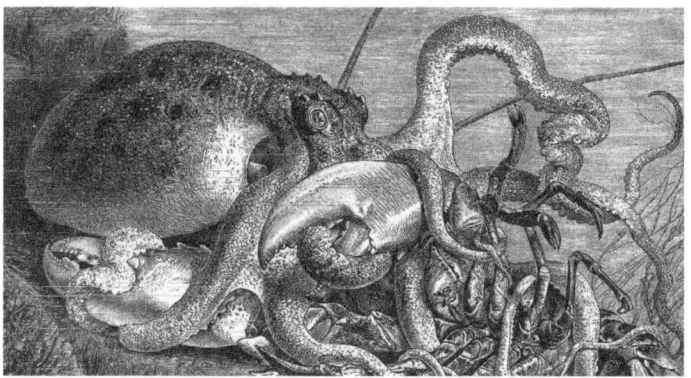

Abb. 8: »Kampf zwischen Krake und Hummer« aus der populären Familienzeitschrift *Die Gartenlaube* von 1894

Die vielleicht auffälligste Bedeutungserweiterung erfuhr das Ausleseprinzip mit der »sexuellen Selektion«. Darwin führte den Begriff bereits 1859, mit Erscheinen der *Entstehung der Arten*, ein, wo er ihn wie folgt definierte:

»Diese Form der Zuchtwahl hängt nicht von einem Kampfe um's Dasein in Beziehung auf andre organische Wesen oder auf äußere Bedingungen ab, sondern von einem Kampfe zwischen den Individuen des einen Geschlechts, meistens Männchen, um den Besitz des andren Geschlechts. Das Resultat desselben besteht nicht im Tode, sondern in einer spärlicheren oder ganz ausfallenden Nachkommenschaft des erfolglosen Concurrenten. Diese geschlechtliche Auswahl ist daher nicht minder rigoros als die natürliche. [...] In manchen Fällen jedoch wird der Sieg nicht sowohl von der Stärke im Allgemeinen, sondern von besonderen nur dem Männchen verliehenen Waffen abhängen.« (EA[6], 109f.)

Unter Waffen fasste Darwin ein breites Spektrum körperlicher Merkmale: Darunter fielen sowohl die Geweihe männlicher Hirschkäfer als auch das Prachtgefieder männlicher Vögel, kurz alle anatomischen Besonderheiten, die zum Einsatz kommen, wenn Tiere gegeneinander in Wettbewerb treten, um einen Partner zur Fortpflanzung zu gewinnen. Während das Thema in der *Entstehung der Arten* eher gestreift wurde, behandelte Darwin es 1871, in der *Abstammung des Menschen*, ausführlich. Elf von einundzwanzig Kapiteln beschäftigen sich mit dieser »sexuellen« oder »geschlechtlichen« Auslese; vier davon gelten allein den »sekundären Sexualcharakteren der Vögel«, also den in der Balz zur Schau gestellten Merkmalen der Männchen. Die Begeisterung, mit der Darwin immer mehr Eigenschaften im Tierreich mit geschlechtlicher Auslese erklärte, teilte John Murray, sein Verleger, nicht. Als zu pikant verwies er die »sexual selection«, die Darwin ursprünglich in den Buchtitel nehmen wollte, in die Unterzeile und bat zugleich darum, einige Passagen zum Thema abzuschwächen – »so wie auch jeden anderen der Bezichtigung der Unschicklichkeit unterliegenden Satz, falls es solche gibt«[59].

Die ausführliche Darstellung des Themas, wie sie Darwin 1871 folgen ließ, hatten mehrere Buchpublikationen in den 1860er Jahren notwendig gemacht, die sich ebenfalls dem Prachtgefieder der Vögel gewidmet hatten und zu dem Schluss gekommen waren, dass Schönheit im Tierreich unmöglich mit Evolution erklärt werden könne. Die spektakulärste Veröffentlichung hatte John Gould mit *A Monograph of the Trochilidae* vorgelegt, die in fünf Bänden zwischen 1849 und 1861 erschien. In den großformatigen Prachtbänden führte der Ornithologe, der einst Darwins Vogelsammlung bestimmt hatte, auf 400 Blättern 430 Kolibriarten vor, aufwendig koloriert und mit einer Blattgoldlasur veredelt. Das Werk erfreute sich bei finanzkräftigen Kunden großer Beliebtheit, zu den Subskribenten zählten neben Alexander von Humboldt der Hochadel, die preußische Kronprinzessin, der das Werk gewidmet war, Königin Viktoria, die Königshäuser von Sachsen, Hannover, Dänemark, Belgien, Portugal und die Prinzessin zu Wied. Weltweit bestellten die Bibliotheken von Oxford bis Melbourne, Paris bis St. Petersburg, Guatemala, Wien, Berlin, New York oder British Guyana. Zu Ehren der Gattin Napoleons III. nannte Gould einen Kolibri *Eugenia imperatrix*. Am Ende schmückten fast alle gekrönten Häupter Europas die Liste der Abonnenten. Übereinstimmend wurde die fast übernatürliche Schönheit der Kolibris bewundert, die entscheidende Frage warf 1867 jedoch George Douglas Campbell, der achte Herzog von Argyll, auf. Wie kann Evolution Schönheit im Tierreich erklären? Mit Blick auf die Kolibris schrieb Argyll in *Die Herrschaft des Gesetzes*, einer Art Manifest gegen die Evolutionstheorie: »Ein Kamm von der Farbe des Topas ist nicht besser im Überlebenskampf als einer von der Farbe des Saphirs.«[60]

Das Prachtgefieder der männlichen Kolibris, wie es Gould in ausschweifenden Bildern vor Augen stellte, mache, so der Herzog, im Lichte der Evolutionstheorie wenig Sinn. Eben gegen diesen Einwurf deklinierte Darwin nun in der *Abstammung des Menschen* das Tierreich durch, von den Fischen, Amphibien und Reptilien zu den Vögeln und Säugetieren. Geweihe, Hörner, Hautlappen, Zeichnungen oder Ornamente, die keinen direkten Vorteil in Bezug auf die Umwelt darstellten, erklärte Darwin mit den Vorlieben der Tiere, denen er ein ästhetisches Empfinden zusprach. »Nun liegt bei den Vögeln der Beweisapparat gerade so«, schrieb er, »sie haben scharfes Beobachtungsvermögen und scheinen einen gewissen Geschmack für das Schöne sowohl in Bezug auf die Farbe als auf Töne zu besitzen.« (AM⁶ II, 118)

Die Variation besorgte der Zufall, die Auslese die Hennen, die zur Paarung jeweils das Männchen mit dem prächtigsten Gefieder wählten. Nach Darwin erzeugten die Tiere demnach ihre

Schönheit selbst, sie entsprang dem »Vermögen der Wahl«. Damit widersprach er Argyll und all jenen, die Schönheit als Zeichen eines Schöpfergottes verstehen wollten – und unterscheidet sich auch von heutigen evolutionstheoretischen Erklärungsversuchen, die Schönheit, etwa Prachtgefieder, als Zeichen von Gesundheit oder Stärke lesen wollen.[61] In der erstaunlichen Ausweitung dessen, was er den Tieren zutraute, steht Darwin in der Geschichte der Biologie mehr oder weniger allein; weil Mensch und Tier verwandt seien, könnten auch Tiere einen Sinn für Ästhetik haben. Vom menschlichen Geschmacksempfinden konnte sich das animalische dabei im Übrigen stark unterscheiden: Neben den Ornamenten von Pfau und Kolibri nannte Darwin als Beispiele auch die orangefarbenen Hautsäcke des Waldhuhns oder die Hautschwielen der Paviane.

Dass der Mensch nur zufällig in den Genuss der Schönheit im Tierreich kam, nicht aber ihr eigentlicher Adressat war, hatte weitere Folgen. Das Auge der Henne beispielsweise, das durch die Federn des Pfauenhahns betört wurde, mochte wählerisch sein, aber, wie Darwin in einer entscheidenden Wendung hinzufügte, es war nicht vollkommen. »Man darf dabei nicht vermuthen«, stellte er richtig, »dass das Weibchen jeden Streifen oder jeden farbigen Fleck studirt, [...] es wird wahrscheinlich nur durch die allgemeine Wirkung frappirt.« (AM[6] II, 114) Der gründliche Blick auf die Tierwelt brachte Mängel zutage: Darwin entdeckte sie sowohl bei Ornamentzeichnungen als auch bei Organen wie dem menschlichen Auge. Im Fall von Letzterem versicherte er sich der Autorität Hermann von Helmholtz', der berühmte deutsche Physiker und Physiologe, der ein vernichtendes Urteil über das menschliche Sehorgan gefällt hatte, indem er schrieb, »dass er, wenn ihm ein Optiker ein so nachlässig gearbeitetes Instrument verkaufte, sich vollständig berechtigt halten würde, es ihm zurückzugeben« (AM[6] II, 139). Helmholtz wies dem Auge zahlreiche optische Täuschungen in Farb- und Gestaltwahrnehmung nach. Darwin sah darin einen Beweis der Evolutionstheorie. Argumentativ verhielt sich der Makel zur Evolutionstheorie wie die Makellosigkeit zum Schöpfergott. Niemand würde Gott für den Urheber eines mangelhaften Objekts halten. In der Perfektion offenbarte sich der Gott, im Fehler verriet sich die Natur. Selektion war ein Prozess, der die Spuren seiner Geschichte in sich trug. Das Ergebnis war nie Perfektion, sondern fortwährende Veränderung.

In der *Abstammung des Menschen* erörterte Darwin auch die Frage, ob sexuelle Selektion bei den Menschen ebenfalls die Geschlechter geprägt habe. Er bejahte dies und kam zu dem Schluss:

»Der hauptsächlichste Unterschied in den intellectuellen Kräften der beiden Geschlechter zeigt sich darin, dass der Mann zu jeder Höhe in Allem, was er nur immer anfängt, gelangt, als zu welcher sich die Frau erheben kann, mag es nun tiefes Nachdenken, Vernunft oder Einbildungskraft, oder bloss den Gebrauch der Sinne und der Hände erfordern. Wenn eine Liste mit den ausgezeichnetsten Männern und eine zweite mit den ausgezeichnetsten Frauen in Poesie, Malerei, Sculptur, Musik (mit Einschluss sowohl der Composition als der Ausübung), der Geschichte, Wissenschaft und Philosophie mit einem halben Dutzend Namen unter jedem Gegenstande angefertigt würde, so würden die beiden Listen keinen Vergleich mit einander aushalten.« (AM[6] II, 305)

Im Rückblick stellen wir beim Lesen dieser Passage leicht fest, dass hier offenbar Natur und Geschichte verwechselt werden. Zu Darwins Lebzeiten waren Frauen weder zum Studium zugelassen, sie durften keine Kunsthochschule besuchen oder auch nur selbständig eine öffentliche Bibliothek benutzen, sie besaßen kein Wahlrecht, und viele der Frauen, die es wagten, trotz alledem Literatur zu schreiben, veröffentlichten unter Pseudonym. Das Recht zu studieren erhielten Frauen in England erst Ende des Jahrhunderts, das allgemeine Wahlrecht 1928. Darwin, der als »gentleman naturalist« alle Privilegien seines Standes genoss, war mit Blick auf die Frauen offenbar blind für soziale Ungleichheit. Im Fall von Wallace waren ihm die unterschiedlichen Voraussetzungen noch deutlich gewesen. Dass Frauen weder frei über ihre Zeit verfügen konnten, noch Zugang zu Ausbildungseinrichtungen hatten, kam Darwin nicht in den Sinn, als er die intellektuellen Leistungen von Männern und Frauen verglich. Stattdessen erklärte er gesellschaftliche Unterschiede zu »sexuellen Sekundärcharakteren«, ein Fehlschluss, der Folgen hatte. Im Jahr 1874 führte der amerikanische Arzt Edward Clarke eine Studie durch, um zu untersuchen, welche Auswirkung Bildung auf die Gesundheit von Frauen habe. Clarke behauptete, die Auswertung habe ergeben, dass Frauen, die an den zu Beginn des 19. Jahrhunderts gegründeten Women's Colleges des Landes studierten, mit höherer Wahrscheinlichkeit an Unfruchtbarkeit, Blutarmut und sogar Wahnsinn litten. Den Grund dafür wusste er allerdings bereits zuvor: Die Ausbildung des Intellekts war wider die Natur der Frau.[62]

3. Übersetzung und Rezeption in Deutschland, Frankreich und Russland

Die Geschichte von Darwins Übersetzungen besteht aus einer Serie von Pleiten, Pech und Pannen, die mit seinen evolutionstheoretischen Veröffentlichungen einsetzte. Zuvor, bis 1859, war von seinen Werken in Deutschland nur der Reisebericht von Ernst Dieffenbach übertragen worden. Alle anderen Bücher blieben unübersetzt. Die Erfahrung aber, was alles schiefgehen kann, wenn ein Werk in eine andere Sprache transportiert werden muss oder auch nur ihr Land verlässt, machte Darwin mit der Veröffentlichung der *Entstehung der Arten*.

Dem durchschlagenden Erfolg auf dem englischen Buchmarkt folgend – in den fünf Wochen zwischen der Auslieferung und dem Ende des Jahres 1859 erschienen bereits knapp fünfzig umfangreiche Rezensionen –, bemühten sich ausländische Verlagshäuser aus der ganzen Welt um eigene Ausgaben. In Amerika etwa kursierten Anfang 1860 bereits die ersten Nachdrucke, die von dem New Yorker Unternehmen Appleton auf den Markt gebracht worden waren. Da es keine internationalen Vereinbarungen über Autorenrechte gab, konnte Appleton ohne Absprache mit dem Verleger Murray oder Darwin eine amerikanische Erstausgabe veröffentlichen, eine Praxis, mit der das Unternehmen jährlich Hunderte von Sachbüchern auf den Markt brachte. Als Vorlage diente ein in London erworbenes Exemplar, das per Dampfer über den Ozean nach New York gebracht worden war. Die ersten Fehler schlichen sich beim Setzen bereits auf der Titelseite ein: Die erste amerikanische Ausgabe etwa wies von den drei Zitaten, die Darwin der englischen vorangestellt hatte, nur zwei auf, die zweite führte schließlich alle drei, die dritte nannte sich unerklärlicherweise »revised edition« – alle vor Juni 1860 erschienenen Ausgaben waren unautorisiert. Unter dem wachsamen Auge Asa Grays wurde mit William Henry Appleton, dem Sohn des Firmengründers Daniel Appleton, eine autorisierte Ausgabe ausgehandelt, die im selben Jahr als »New edition, revised and augmented by the Author« ausgewiesen wurde.[63]

Mit der Evolutionstheorie, das war allen Verlagshäusern bewusst, konnte Geld verdient werden, und, das war den Beteiligten nicht weniger klar, Politik machen ließ sich mit ihr auch. Damit fingen die wirklichen Schwierigkeiten an. Der Fall von Robert Chambers hätte Darwin bereits als mahnendes Beispiel dienen können, denn schon dessen 1844 als *Natürliche Geschichte der Schöpfung* publizierte Evolutionstheorie wurde umgehend vor den Karren der Politik gespannt. Als Übersetzer hatte sich damals in

Deutschland Carl Vogt gefunden, Physiologe, Mediziner und Abgeordneter der Paulskirchenversammlung. Im Vorwort, das Vogt dem Buch eigenhändig hinzufügte (ein Eingriff, der Schule machen sollte), schrieb er 1849, ein Jahr nach der deutschen Revolution, deren Scheitern ihn ins Schweizer Exil gezwungen hatte: »Der constitutionellen Partei Deutschlands, [...] empfehle ich dieses Buch aus reinem Wohlwollen. Sie wird darin einen constitutionellen Engländer finden, der einen constitutionellen Gott construirt hat, welcher Anfangs zwar als Autokrat Gesetze gab, dann aber aus freiem Antriebe seine Autokratie aufgab und, ohne directen Einfluß auf die Regierten, nur das Gesetz an seiner Statt gelten läßt. Ein herrliches Beispiel für die Fürsten!«[64]

Um aus der Ordnung der Natur, wie Chambers sie sah, eine Empfehlung abzuleiten, wie Staaten einzurichten seien, verschob Vogt einige Begriffe aus der politischen Theorie ins Naturreich. Der »constitutionelle Gott« als »Einrichter der Naturgesetze« war ebenso seine Wortschöpfung, wie der Einfall, Tiere und Pflanzen als »Regierte« zu bezeichnen, von ihm stammte. Der Kurzschluss, aus der Natur lasse sich ein verbindliches Staatsmodell ableiten, war jedoch seit Jean-Jacques Rousseau als Denkfigur eingeführt, so dass es umgekehrt im 19. Jahrhundert wenigen einleuchtete, die Frage nach der Gültigkeit der Evolutionstheorie unabhängig von der Debatte um politische Systeme zu führen. Der Streit, welcher politischen Richtung Darwins Theorie zuzuschlagen sei, tobte über Jahrzehnte und erreichte 1877 in Deutschland auf der Versammlung Deutscher Naturforscher und Ärzte in München ihren Höhepunkt. Dort stellte Rudolf Virchow, Mediziner, Pathologe und Mitglied des Preußischen Abgeordnetenhauses, die Evolutionstheorie öffentlich unter Sozialismusverdacht, indem er sie beschuldigte, zu den revolutionären Unruhen der Pariser Kommune geführt zu haben. Er hoffe, so Virchow, »dass die Descendenztheorie für uns nicht alle die Schrecken bringen möge, die ähnliche Theorien im Nachbarlande angerichtet haben«. Dass der »Socialismus mit ihr Fühlung« aufgenommen habe, fand Virchow offensichtlich. Ernst Haeckel, zur Verteidigung immer bereit, verwahrte sich in seiner Replik nicht etwa dagegen, Evolutionstheorie und Politik so eng miteinander zu verknüpfen, sondern lehnte sich auf der anderen Seite aus dem Boot. Die Abstammungslehre, so Haeckel 1878, fuße auf der Ungleichheit von Individuen, ihre Stoßrichtung könne »durchaus keine demokratische, und am wenigsten eine socialistische«, sondern nur eine »aristokratische« sein.[65]

Dies muss vorausgeschickt werden, will man die überschießenden Vorsichtsmaßnahmen verstehen, die Heinrich Bronn, Geologe, Paläontologe und Professor für Naturgeschichte in Heidelberg, bei der deutschen Übersetzung walten ließ und die nach der Einschätzung von Darwins Sohn Francis dazu führten, dass die Evolutionstheorie in Deutschland während der ersten Jahre zunächst verhalten rezipiert wurde. Dass Bronn mit der Übertragung ins Deutsche beauftragt wurde, hatte Darwin selbst veranlasst. Als *Die Entstehung der Arten* erschien, ließ der englische Forscher seinem Verleger John Murray eine Liste mit mehr als neunzig Namen führender Wissenschaftler in England, Deutschland, Frankreich und Amerika zukommen, denen jeweils ein Exemplar des Buches zugeschickt werden sollte. Neben Carl Vogt fanden sich unter den deutschen Forschern Koryphäen wie der Chemiker Justus von Liebig und eben Heinrich Bronn (Corr 8, Appendix, 554-70). Mit Darwins älteren geologischen Arbeiten war Bronn, selbst Fachmann auf dem Gebiet, bereits vertraut, und auch *Die Entstehung der Arten* rezensierte er wohlwollend in einer Fachzeitschrift, erhob allerdings auch einige Einwände. In einem Brief, den er Darwin 1860 samt der von ihm verfassten Rezension sandte, schlug er dem englischen Forscher das Verlagshaus Schweizerbart in Stuttgart vor, das sich auf naturhistorische Schriften spezialisiert hatte. Als ihm Darwin für den kritischen Kommentar in einem Antwortschreiben dankte, übernahm Bronn selbst die Rezension (Corr 8, 70).

Bis dahin handelte es sich um eine übliche Vorgehensweise, Wissenschaft im 19. Jahrhundert wurde über ein soziales Netz betrieben, das auf persönlichen Bekanntschaften und regelmäßigem Austausch beruhte. Womit Darwin aber nicht gerechnet hatte, war, dass sich Bronn durch die großzügige Art, in der die Kritik vom Autor aufgenommen worden war, nun auch ermutigt fühlte, das Buch, wo es ihm notwendig erschien, umzuschreiben. Die Eingriffe begannen bereits im Titel: »On the Origin of Species by Means of Natural Selection, or the Preservation of Favoured Races in the Struggle for Life« hatte Darwin geschrieben, bei Bronn hieß es nun: »Über die Entstehung der Arten im Thier- und Pflanzenreich durch natürliche Züchtung oder Erhaltung der vervollkommneten Rassen im Kampfe um's Daseyn«. An zwei Stellen hatte sich da bereits die Bedeutung verschoben. Aus den »favoured races«, später vom zweiten Übersetzer Victor Carus als »begünstigte Rassen« übersetzt, waren »vervollkommnete Rassen« geworden, aus dem »struggle« ein »Kampf«. Die Erdgeschichte in einem Prozess der Vervollkommnung sehen zu wollen weckte Assoziationen an die im zweiten Kapitel erwähnte *scala naturae* und deren hierarchische Stufung, wonach die Naturreiche aufsteigend von Pflanzen über Fische, Reptilien, Vögel und Säugetiere gegliedert waren. Die Pointe von Darwins Theorie bestand aber gerade darin, nicht von einer fortwährenden Höherentwicklung auszugehen; statt Vervollkommnung konnte die Evolution ganz unerwartete Wege einschlagen. Als Darwin bei der Lektüre von Robert Chambers' Buch über *Die Natürliche Geschichte der Schöpfung* auf die Stelle stieß, wo dieser die Galápagosinseln wegen des Fehlens einheimischer Säugetiere zum Ort einer niedrigeren Entwicklungsstufe machte, notierte er in wütender Diktion, die er sich ausschließlich für private Notizen vorbehielt, an den Rand seines Exemplars: »Schreibt Inseln haben keine Säugetiere & sind weniger vollkommen, aber auf einen solchen Unsinn brauche ich wirklich nicht einzugehen.« (Mar, 164) Es gab keinen Grund, einen Finken als niedriger entwickelt anzusehen als etwa ein Eichhörnchen.

Das andere falsche Gleis, auf das Bronn die Rezeption mit seiner Übersetzung lenkte, war der Topos vom Kampf, von dem bereits die Rede war. Bronns an vielen Stellen holprige Übersetzung gab Darwins Text aber noch an weiteren Stellen eine neue Richtung. Der berühmteste Eingriff folgte im Schlusskapitel, wo Bronn den Satz »Licht wird auf den Ursprung der Menschheit und ihre Geschichte fallen« ersatzlos strich. Es war der einzige Hinweis auf die Evolution des Menschen, den Darwin in der *Entstehung der Arten* untergebracht hatte (EA[6], 576). Stattdessen fügte Bronn ein Nachwort hinzu, in dem er den bereits von Darwin im Buch ausführlich behandelten möglichen Einwänden gegen die Evolutionstheorie noch weitere hinzufügte. Vertraulich wandte sich Bronn an das deutsche Publikum: »Lieber Leser, der Du mit Aufmerksamkeit dem Gedanken-Gange dieses wunderbaren Buches bis zu Ende gefolgt bist [...] wie sieht es in Deinem Kopfe jetzt aus?«

Danach erörterte er vor allem die Frage, wie aus unbelebter Materie belebte werden könne und wie viele Urorganismen nötig seien, um die Evolution in Gang zu bringen. Auf schwer zu erklärende Weise arbeitete er damit gegen den eigenen Entschluss, Darwins diskrete Anspielung auf die Menschheitsgeschichte im Haupttext zu streichen. Bronn charakterisierte im Nachwort die Theorie als eine, »welche aus einer Algen-Zelle, wenn auch erst im Verlauf von (wenigstens 20) Millionen Jahren, einen Affen durch natürliche Züchtung hervorgehen läßt« (EA[1], 516). Affe und Mensch beim Namen zu nennen hatte Darwin sorgsam vermieden. Bronn buchstabierte die Folgen der Evolutionstheorie nun detailliert aus und stellte sie dem deutschen Publikum plastisch vor Augen. Vier Jahre nach seinem Tod (er starb 1862) wurde Victor Carus vom Verlagshaus Schweizerbart mit einer neuen Übersetzung beauftragt. Das Nachwort fiel weg, der gestrichene Satz über den Ursprung der Menschheit wurde wieder eingefügt.

Das Beispiel Bronn legt nahe, eigenwillige Übersetzungen als Produkt von extremem Lektüreverhalten zu betrachten. Bronn, daran besteht kein Zweifel, unterstützte Darwin und begrüßte dessen Versuch, Naturgeschichte ohne göttliche Eingriffe zu beschreiben und wissenschaftlich zu erklären. Insofern wollte er wohl auch dort, wo er eingriff, nicht der Theorie schaden, sondern sie vielmehr auf eigene Faust verbessern. Diese Absicht kennzeichnet fast die gesamte Literatur zu Darwin: Wir finden in der Geschichte viele Autoren mit oft gegenteiligen Ansichten, die sich mit dem Autor der Evolutionstheorie identifizieren und ihn in ihrem Sinne ausschnitthaft lesen, nur in Teilen zitieren oder uminterpretieren.

Unter allen Übersetzern trieb dieses Spiel Clémence Royer, eine in Lausanne lebende Autorin, die in der Schweiz Naturwissenschaften studierte und ein viel beachtetes Buch über Einkommenssteuer geschrieben hatte, am weitesten. Auf die Liste der Empfänger, die von Murray ein Exemplar des Buchs zugeschickt bekommen sollten, waren von Darwin fünf Lehrstuhlinhaber am Muséum national d'Histoire naturelle in Paris gesetzt worden, darunter der vergleichende Anatom Henri Milne-Edwards und der Zoologe Isidore Geoffrey Saint-Hilaire. Anders als im Fall von Bronn in Deutschland zog sich in Frankreich die Suche nach einem Übersetzer in die Länge. »Ich habe nur Ärger mit der französischen Übersetzung«, schrieb Darwin enttäuscht in einem Brief. (Corr 8, 64, 71)

Auf Vermittlung des Verlagshauses Guillaumin übernahm schließlich die zweiunddreißigjährige Clémence Royer, die unter Sozialwissenschaftlern und Ökonomen verkehrte und außerdem im Kontakt mit dem ins Genfer Exil geflüchteten Carl Vogt stand, die Übersetzung. Sie vertrat demokratische Ansichten, propagierte sozialen Fortschritt, die Rechte der Frauen und lebte selbst mit einem verheirateten Mann zusammen. Von Darwins *Entstehung der Arten* war sie sofort eingenommen. »Man könnte sagen«, schrieb sie 1862 im Vorwort, »dass dies die universelle Synthese von ökonomischen Gesetzen, Sozialwissenschaften par excellence ist, der Code alles lebendigen Seins aller Rassen und aller Zeiten.« Ihrer Übersetzung stellte sie außerdem ein antiklerikales Pamphlet voran, monierte im Vorwort die negativen Folgen für die menschliche Evolution, wenn Ehen mit Rücksicht auf finanzielle Erwägungen geschlossen würden – und nicht mit Blick auf die Biologie. Darwins Theorie, schrieb sie, sei vor allem in »ihren humanitären, ihren moralischen Konsequenzen fruchtbar«[66]. Damit hatte eine Diskussion begonnen, die später unter dem Stichwort Eugenik geführt werden sollte, die Vorstellung also, der Mensch könne wie ein Nutztier gezüchtet werden. Royer fügte Fußnoten hinzu und lamarckistische Wendungen ein und sprach, wenn es um Evolution ging, vom »Gesetz des Fortschritts«. Im Gegensatz zu Bronn, der Darwins »struggle« zum »Kampf« überspitzt hatte, empfand Royer nun bereits die englische Formulierung als zu weitreichend. Sie sprach von »concurrence de vie« anstatt von »struggle for existence«; dass es dabei um Leben und Tod gehen konnte, fiel bei ihr unter den Tisch. Hatte der Schriftsteller Ernest Renan von ihr als »fast einem Mann von Genie« gesprochen, nannte Darwin sie »eine der klügsten und merkwürdigsten Frauen in Europa«. In den Briefen wich dieses Staunen jedoch bald einiger Gereiztheit. »Fast überall in Entstehung, wo ich meine Zweifel zum Ausdruck bringe, hängt sie eine Fußnote an, um das Problem auszuführen, oder sie sagt, es gebe gar keines!«, beklagte er sich. Emma, Darwins Frau, berichtete der Tochter Henrietta in einem Brief über den Ärger, den die »verdammte Mlle Royer« dem Vater bereite.[67] Royer übernahm trotzdem auch die Übersetzung der zweiten und dritten Auflage, die in Frankreich in den Jahren 1866 und 1870 erschienen. Die französische Rezeption, im Gegensatz etwa zu Deutschland, verlief verhalten, was weniger an Royers Übersetzungen liegen mochte als daran, dass man die landeseigene Tradition für ausreichend hielt. Darwin stark ins Lamarckistische gewendet zu haben, wie es Royer tat, dürfte der Aufnahme dabei noch eher genützt als geschadet haben.

Wie wir an den Fällen Royer und Bronn gesehen haben, war das Reizwort, auf das alle Übersetzer am heftigsten reagierten, der »struggle«, das Konzept der Selektion also. Das dritte Beispiel, das wir neben Frankreich und Deutschland näher betrachten müssen, ist in diesem Zusammenhang Russland: das Land, das sich einhellig ablehnend zum Mechanismus der Selektion in der Evolutionstheorie verhielt. Von Historikern ist verschiedentlich darauf hingewiesen worden, es sei kein Zufall, dass die Begründer der Evolutionstheorie Darwin und Wallace beide von einer Insel kamen und die Natur ebenfalls auf Inseln studiert hatten; Darwin dienten als Modellfall die Galápagosinseln, Wallace das malaysische Archipel. Und auch Malthus, der die Bedeutung von begrenztem Raum und Ressourcen am vehementesten vertreten hatte, stammte aus England, einer Insel. Eben darin sahen nun die russischen Kritiker die Begrenzung der Theorie: die Sorge um begrenzte Ressourcen, den Wettkampf um räumlich eingegrenzte Nischen werteten sie, die in einem sich unendlich weit ausdehnenden Land lebten, als Produkt eines Inseldenkens, geprägt vom britischen Kolonialismus und einer vom Manchesterkapitalismus hervorgebrachten Wettkampfeuphorie.

Dem lesenden Publikum wurde *Die Entstehung der Arten* in Russland zunächst durch Rezensionen im Jahr 1860 vorgestellt, die erste Übersetzung folgte 1864 und war schnell ausverkauft. Weitere Auflagen schlossen sich an, die Rezeption war, wie der Historiker Daniel P. Todes zeigen konnte, breit, wenn auch nicht vorbehaltlos. Während sich, wie wir gesehen hatten, in Deutschland die Metapher vom Kampf in zahlreichen Buchtiteln niederschlug und zum geflügelten Wort aufstieg, stieß die Formulierung in Russland auf Ablehnung. Nikolai G. Chernyshevskii, Publizist und Sozialtheoretiker, höhnte 1873, Darwin lese sich, »als hätte Adam Smith einen Kurs in Zoologie geschrieben«[68]. Die öffentliche Meinung kam schnell darin überein, dass der englische Forscher Konkurrenz als Produkt der Überbevölkerung überschätzt habe. Das Manko der Theorie, die ansonsten viel Beifall fand, bestand demnach darin, dass ein Konzept aus der Ökonomie zu leichtfertig auf das Gebiet der Biologie übertragen worden sei. Andrei N. Beketov, Leiter des Instituts für Botanik an der Universität Petersburg und Verfasser von Schulbüchern, merkte an, der Befund, dass mehr Pflanzen und Tiere nachwachsen als überleben könnten, sei offensichtlich, aber die wesentliche Frage liege woanders: Darwinisten müssten beweisen, »dass dieses Sterben speziell durch (innerartlichen) Wettbewerb verursacht«[69] werde. Was folgte, war eine Analyse des Begriffs auf allen Ebenen. Die Gesellschaft der Naturforscher in Kazan initiierte beispielsweise 1869 eine Serie von Experimenten, die den »struggle for existence« anhand von Wildpflanzen überprüfen sollte, weitere Untersuchungen schlossen sich an. Beim Beobachten von Fischen, die zu ihren Laichplätzen zogen, stieß der Ichthyologe und Rektor der St. Petersburger Universität Karl F. Kessler auf eine bemerkenswerte Überlebensstrategie: Die Tiere bildeten während der Wanderung, wenn sie besonders mühsame Streckenabschnitte bewältigen mussten, größere Verbände. Innerhalb dieser Gemeinschaften »hören seperate Individuen auf, sich nur um ihre eigene Ernährung und Erhaltung zu kümmern, und beginnen damit, anderen Individuen zu helfen«. Ähnliche Verhaltensweisen beobachtete Kessler auch bei anderen Tieren, bei Bienen, Ameisen, Käfern, Spinnen, Reptilien, Vögeln und Säugetieren. Insbesondere an den Vögeln lasse sich die Bedeutung des sozialen Miteinanders beobachten: »Einige unterhalten sich gern gegenseitig mit Gesang, andere erfreuen sich verschiedenartiger Flugwettbewerbe, wieder andere finden ihre Befriedung im Tanz und in unblutigen Duellen.«[70]

Aus seinen Studien schloss Kessler, dass der Druck, den die Umwelt auf Organismen ausübe, nicht zum Kampf, sondern zur Kooperation führe. Die derart Bedrängten schlössen sich zu Gemeinschaften zusammen, um gegen die feindlichen Umweltbedingungen zu kämpfen, die gegenseitige Hilfe werde durch natürliche Selektion begünstigt. Kesslers 1880 formuliertes »Gesetz der gegenseitigen Hilfe« fand breite Zustimmung und wurde von Pjotr A. Kropotkin aufgegriffen, der 1902 ein Buch mit gleichlautendem Titel veröffentlichte. Dass er Kooperation sah, wo Darwin und Wallace Kampf sehen wollten, führte Kropotkin in seiner Schrift *Gegenseitige Hilfe in der Tier- und Menschenwelt* auf den Unterschied zwischen England und Russland zurück: »Russische Zoologen erforschen riesige Kontinentalregionen in der gemäßigten Zone, wo der Kampf der Arten gegen die natürlichen Bedingungen [...] offensichtlicher ist; während Wallace und Darwin in erster Linie die Küstenstreifen der Tropen erforschten, wo die Überfüllung auffälliger ist. In den Kontinentalregionen, die wir besucht haben, besteht Knappheit an Tierpopulationen; Überfüllung ist dort möglich, aber nur temporär.«[71] Kurzum: Die unterbevölkerte Tundra Russlands ließ Tiere kooperieren, um zu überleben; die überbevölkerten Küsten von Inseln machten sie zu Gegnern.

Bei all den hitzigen Anfechtungen und Umschreibungen, die wir in Deutschland, Frankreich und Russland finden, sei noch einmal angemerkt, dass Darwin selbst ein Spektrum von Selektionsmodi aufgefächert hatte – von der Pflanze am Rand eines Trockengebiets bis hin zu den flügellosen Käfern Madeiras. Er war also keineswegs auf Kampf fokussiert, wie ihm seine Gegner und Anhänger gleichermaßen unterstellten. In der *Abstammung des Menschen* führt auch er Fälle von altruistischem Verhalten an. Dort berichtet Darwin beispielsweise von einem alten Pavianmännchen, das ein junges Tier gegen eine Meute Jagdhunde verteidigt. Der Affe bricht aus seiner Deckung hervor, um dem Jungtier, das sich aus der Horde entfernt hat, zur Hilfe zu eilen. Als Quelle diente Darwin, der Paviane nicht aus eigener Anschauung kannte, das *Illustrirte Thierleben* des deutschen Naturforschers Alfred Edmund Brehm. Brehm, ein Anhänger der Evolutionstheorie, publizierte das Werk in erster Auflage zwischen 1863 und 1869. Sein Verleger schickte von 1867 an die Bände als Geschenk nach Downe, wo sie bis heute in Darwins Bibliothek stehen. Der englische Naturforscher setzte sich, wenn auch ohne Erfolg, für eine englische Übersetzung des *Illustrirten Thierlebens* ein, aus dem er viele Anregungen bezog.

4. Orchideen, Kletterpflanzen und Regenwürmer

Darwins Publikationsliste enthält viele Bücher, die heute nicht mehr bekannt sind. Wie wir gesehen haben, wertete er in den Werken vor 1859 vornehmlich Material aus, das in Verbindung mit seiner Reise stand. Mit dem Umzug nach Downe im Jahr 1842 begann dagegen eine fast ausschließlich häusliche Schaffenszeit. Darwin bewohnte mit seiner Familie ein mit Kletterpflanzen bewachsenes Landhaus in der Grafschaft Kent, das heute in ein

Museum umgewandelt worden ist. Es gibt dort neben Wohn- und Schlafzimmern auch ein Billardzimmer, ein Studierzimmer mit einer Zinkwanne, die Darwin neben seinen Schreibtisch stellte, um wegen der ständigen Übelkeit, die ihn bald nach der Rückkehr von seiner Reise als geheimnisvolles Leiden begleitete, die Arbeit nicht zu lange unterbrechen zu müssen. Aus der scheinbar kleinen Welt von Haus und Garten wuchsen viele Veröffentlichungen hervor, Werke, die in einem auffälligen Kontrast zu den berühmten Büchern stehen: Während *Die Entstehung der Arten* oder *Die Abstammung des Menschen* für heftige Reaktionen und Polemiken sorgten und sich tief in unser Gedächtnis eingebrannt haben, traten diese leiser auf und verschwanden bald aus der Diskussion. Wenn wir einen Blick auf die Literatur werfen, die zu Darwins Leben und Werk verfasst worden ist, werden wir feststellen, dass der größte Teil davon auf immer dieselben Bücher entfällt; Darwins Monografien zu Orchideen, Kletterpflanzen oder Regenwürmern haben dagegen kaum Aufmerksamkeit erhalten. Auf lange Sicht lief die Rezeption von Darwins Evolutionstheorie über ein paar wenige Bücher und tradierte dabei auch eigene Motive; die einseitige Festlegung etwa auf den »Krieg der Natur« werden wir bei ihm nicht finden. Nuancen, auf die er selbst einiges Gewicht legte, gingen unter, und eben dafür bieten seine Arbeiten über Pflanzen und andere Gartenbewohner ein gutes Korrektiv.

Im 19. Jahrhundert wurden Darwins botanische Arbeiten sofort in die Hobby-Literatur eingespeist, die in populären Wochenschriften wie *Gardener's Chronicle* oder *The Field, the Farm and the Garden* einigen Raum einnahm, Zeitschriften, die auch Darwin las. Es gab Karikaturen, die sein evolutionstheoretisches Gärtnern aufs Korn nahmen und natürlich viele Leserbriefe, von Fachleuten wie Laien. Die Arbeiten waren also durchaus sichtbar. Ihr Charme lag darin, dass sie direkt an die Lebenswelt des Lesepublikums anknüpften. Botanisieren und Gärtnern waren unter Königin Viktoria in England zu einer verbreiteten Freizeitbeschäftigung geworden. Darwin, der Gelehrte aus Downe, verkörperte das Gegenteil eines städtischen Intellektuellen, einen ländlichen Bildungsbürger mit Erde unter den Sohlen. Bestand seine Theorie im Nachdenken über kleinste Unterschiede und ihre großen Folgen, so fand sie jetzt den im wörtlichen Sinne angemessenen Gegenstand: die kleinen Organismen, die Gewächshaus und Garten in Downe bevölkerten.

Fangen wir also mit dem Orchideen-Buch an, mit vollem Titel: *Die verschiedenen Einrichtungen durch welche Orchideen von Insecten befruchtet werden*. Die Abhandlung erschien 1862, drei Jahre also nach der *Entstehung der Arten*, und war damit die zweite evolutionstheoretische Veröffentlichung. Im Gegensatz zur *Entstehung der Arten* enthielt das Buch einige Illustrationen, 1877 erschien es in zweiter Auflage, in der Zwischenzeit waren in Folge fast vierzig Aufsätze und Bücher zum Thema publiziert worden. In zweiter Fassung bestand es aus neun Kapiteln, wobei Darwin einige Mühe darauf verwendete, den Inhalt einem breiten Publikum zugänglich zu machen. Die Lektüre könne dem Leser »eine höhere Meinung von dem ganzen Pflanzenreiche beibringen«, von seinen eigentümlichen und mannigfaltigen Formen. Angefügt war ein Glossar, in dem botanische Fachausdrücke erklärt wurden. An Asa Gray schrieb Darwin, das Buch sei ein »Frontalangriff auf den Feind« (Corr 10, 331). Was also ist der Zusammenhang mit den evolutionstheoretischen Schriften?

Mit den Orchideen hatte sich Darwin eine weltweit verbreitete Pflanzenfamilie vorgenommen, die nach den Korbblütlern die zweitgrößte Familie unter den bedecktsamigen Blütenpflanzen darstellt. Orchideen weisen viele verschiedene Bauarten auf, wobei eine Gemeinsamkeit, die hodenförmigen Wurzelknollen, ihnen den Namen gegeben hat, nach dem griechischen Wort

»ορχηις«. Nach heutigem Kenntnisstand umfasst die Familie etwa 1 000 Gattungen mit 15 000 bis 30 000 Arten. Die komplizierte Blütenarchitektur ruft nach wie vor Bewunderung hervor, ein Staunen, das im 19. Jahrhundert eine religiöse Seite hatte und eingebettet war in das sogenannte »argument from design«, dem zufolge die Natur aufgrund ihrer komplexen Struktur auf einen Schöpfer verwies, wie Reverend William Paley 1802 in seinem einflussreichen Buch *Natürliche Theologie* dargelegt hatte. Um diesen Gedanken zu illustrieren, stellte Paley das Gedankenexperiment vor, in dem ein Spaziergänger in der Heide eine Uhr findet. Jedem müsse sofort einleuchten, so Paley, dass die Uhr, anders als die Steine in der Heide, nicht zufällig entstanden sein könne; Zahnrädchen und Zeiger, der komplizierte Mechanismus des Betriebs, das geschliffene Gehäuse und die Funktion, die Zeit anzuzeigen, machten einen Schöpfer notwendig. Der Schluss sei »unvermeidlich, daß die Uhr einen Urheber haben müsse, daß zu irgendwelcher Zeit und an irgendwelchem Orte ein oder mehrere Künstler gelebt haben müssen, die sie zu dem Zwecke, dem sie, wie wir sehen, wirklich entspricht [die Zeit anzuzeigen, Anm. J. V.], absichtlich verfertigten«[72]. Diese argumentative Struktur übertrug Paley auf die Natur: Organismen waren ihm zufolge noch viel komplexer als alle menschengefertigten Maschinen. Wie Rädchen, Schräubchen und Zeiger auf einen Uhrmacher deuten, so verwiesen die maschinenhaften Organismen mit Atmungsorganen, Blutkreislauf, Gelenken, Muskelaufbau im wundersamen Zusammenwirken ihrer Einzelteile auf einen Schöpfer.

Dass dieses Argument auch auf die Orchideen übertragen werden konnte, lag auf der Hand: Ihre außerordentliche Schönheit, die kathedralenhafte Blütenarchitektur, das komplizierte Zusammenwirken mit den Insekten, die sie befruchteten, forderten den Vergleich mit Kunst- oder Ingenieurswerken heraus. Genau hier setzte Darwin in seinem Buch an. Mit zahlreichen

Beispielen belegt er, dass die verschiedenen Teile der Blüten immer wieder andere Funktionen übernahmen, etwa Techniken der Selbstbefruchtung dienten oder umgekehrt Werkzeuge waren, um Insekten zur Fremdbefruchtung anzulocken. Ein und derselbe Teil einer Blüte konnte, leicht modifiziert, von Pflanze zu Pflanze unterschiedlich eingesetzt werden; es gab also keine festgelegten Aufgaben, kein »Design«, das im Vorhinein bestimmte, wie ein Teil zu benutzen sei. »Der regelmäßige Verlauf der Dinge«, schrieb Darwin, »scheint der zu sein, daß ein Theil, welcher ursprünglich zu einem Zwecke diente, durch langsame Veränderungen sehr verschiednen Zwecken angepaßt wird.« (VEO, 242) Ausdrücklich griff er die von Paley verwendete Maschinenmetapher auf, stellte sie aber auf den Kopf, indem er schrieb: »Nach demselben Grundsatze kann man sagen, daß, wenn ein Mensch eine Maschine für irgend einen speciellen Zweck baut, aber alte Räder oder Federn, nur unbedeutend verändert, gebraucht, die ganze Maschine mit allen ihren Theilen speciell ihrem jetzigen Zwecke angepaßt sei.« (VEO, 243)

Aus der perfekten Maschine war eine Art Seifenkiste geworden, das Bild vom Ingenieursgott wurde durch das Bastlerprinzip ersetzt. Im 19. Jahrhundert fand diese Vorstellung fast keinen Anklang, sie wurde aber im 20. Jahrhundert aufgegriffen. Erwähnt sei hier vor allem der Biologe François Jacob und das in seinem Essay »Die Bastelei der Evolution« formulierte Konzept von der Evolution als »Bastelei« oder »Flickschusterei« (im französischen Original »bricolage«), das auf einen bereits 1977 in der Zeitschrift *Science* veröffentlichten Aufsatz mit dem Titel »Evolution and Tinkering«[73] zurückgeht. Jacob grenzt darin die Figur des Bastlers gegen die des Ingenieurs ab. Im Gegensatz zum Ingenieur, der nach Plan arbeite, »nimmt der Bastler, ohne länger nachgedacht zu haben, irgendeinen Gegenstand aus seinem Gerümpel und gibt ihm eine unerwartete Funktion«. Wie der Bastler aus einem alten Rad einen Ventilator fertige, mache die Evolution aus einem Bein einen Flügel.

Als nächstes folgte *Die Bewegungen und Lebensweise der kletternden Pflanzen*, ein Werk, das 1865 erschien, in zweiter, verbesserter Auflage 1875. Mit seinen nur etwa 150 Seiten handelte es sich um eine recht knappe Abhandlung, aufgeteilt in fünf Kapitel, wobei die Ordnung von den verschiedenen Weisen, in denen Pflanzen klettern, vorgegeben wurde: Darwin unterschied die Blattkletterer, die sich mithilfe rotierender Blattstiele hochziehen, von den Haken- oder Wurzelkletterern, die mithilfe von Haken Hindernisse überwinden oder indem sie über andere Pflanzen hinwegwachsen. Der Titel, *Die Bewegungen und Lebensweise der kletternden Pflanzen*, klang dabei eigentümlich poetisch, tatsächlich finden wir hier erstaunlich viele persönliche Details. Der Leser erfährt etwa, dass Darwin eine »eingetopfte Pflanze während der Nacht und des Tags in einem gut geheizten Zimmer« hielt, »an welches ich durch Krankheit gefesselt war« (BLK, 2). Sein Magenleiden und die Entstehungsgeschichte des Buchs standen in engem Zusammenhang, in den Jahren zwischen 1864 und 1866 häuften sich die Symptome, immer wieder fuhr er nach Malvern, um sich mit Wasserkuren behandeln zu lassen; 52 Stunden ohne Erbrechen wertete Darwin in diesen Jahren als gesundheitlichen Erfolg (Corr 12, 91). Die Krankheit schränkte seinen Bewegungsradius stark ein und rückte ihn gleichzeitig näher an die sesshaften Pflanzen. In *Die Bewegungen und Lebensweise der kletternden Pflanzen* entfaltete Darwin sein Talent, den Leser persönlich anzusprechen, ihn sogar über seinen Gesundheitszustand ins Vertrauen zu ziehen. Gleichzeitig – die aufgezwungene Bewegungslosigkeit mag ihren Teil daran haben – bewies sich hier seine Beobachtungsgabe auf ungewöhnliche Weise. Wie wir mit Blick auf seine Diagrammskizzen gesehen haben, hatte die Geologie Darwin darin geschult, große Zeiträume zu komprimieren. In der *Entstehung der Arten* paßten »306.662.400 Jahre; oder sagen wir dreihundert Millionen Jahre« (OS[1], 287) auf eine Buchseite, wo in dem auffaltbaren Diagramm tausend Generationen kaum mehr als einen Quadratzentimeter benötigen, um in winzigen Heerscharen von Strichen das schöpferische Potenzial von Variation und Selektion vorzuführen (s. Abb. 7). Bei der Beobachtung der Kletterpflanzen verschaltete Darwin Auge und Vorstellungskraft zu einer Art Zeitraffer: Er sprach von der »mittleren Geschwindigkeit«, in der eine Pflanze wachse, beschrieb, wie sie sich bewegte, Gegenstände ergriff, umklammerte, sich »plötzlich aufrecht« stellte und dann bewegungslos verharrte. Das langsame Wachstum der Pflanzen setzte Darwin mit seiner Sprache in Bewegung, vor dem geistigen Auge drehten und wendeten sich die Pflanzen in seinem Zimmer so behände wie Tiere. Eben in dieser Assoziation liegt die heimliche Pointe seiner Beobachtungen, die er mit genauesten Messungen stützte. Er schrieb:

»Es ist oft in unbestimmter Allgemeinheit behauptet worden, daß Pflanzen dadurch von den Thieren unterschieden werden, daß sie das Bewegungsvermögen nicht besitzen. Man sollte vielmehr sagen, daß Pflanzen dies Vermögen nur dann erlangen und ausüben, wenn es für sie von irgend welchem Vortheil ist; dies ist von vergleichsweise seltnem Vorkommen, da sie an den Boden geheftet sind und ihnen Nahrung durch die Luft und den Regen zugeführt wird. Wir sehen, wie hoch auf der Stufenleiter der Organisation eine Pflanze sich erheben kann, wenn wir eine der vollkommeneren rankentragenden Formen betrachten. Es stellt dieselbe zuerst ihre Ranken in Bereitschaft zur Thätigkeit, wie ein Polyp seine Tentakeln ordnet.« (BLK, 157)

Mit dem Vergleich zum Polypen hievte Darwin die Pflanze über die Schwelle ins Tierreich.

In den Jahren bis 1872 schrieb Darwin in dichter Folge das zweibändige Werk *Das Variieren der Tiere und Pflanzen*, *Die Abstammung des Menschen* und *Der Ausdruck der Gemütsbewegungen*. Vor allem die beiden letzten Schriften sorgten für heftige Debatten, und der Autor, der Aufregungen müde, schrieb, nachdem er das Buch über den *Ausdruck der Gemütsbewegungen* abgeschlossen hatte, an seinen deutschen Korrespondenten und Fürsprecher Ernst Haeckel: »Ich habe einige alte botanische Arbeiten wieder aufgegriffen, und werde vielleicht nie wieder versuchen, eine theoretische Perspektive zu verhandeln.« Bis 1882, das Jahr, in dem er starb, schrieb Darwin tatsächlich nur noch über Pflanzen, Insekten und Regenwürmer.[74]

Mit seiner Krankheit ging, ähnlich wie bei den kletternden Pflanzen, auch sein Interesse an fleischfressenden Pflanzen einher. Aufgefallen war ihm *Drosera rotundifolia*, der gemeine Sonnentau, zum ersten Mal in Hartfield, Sussex, wo die Familie wegen der Erkrankung der Tochter Henrietta 1860 einen längeren Kuraufenthalt verbrachte. »Zur Zeit behandelt er Drosera wie einen lebenden Organismus«, schrieb Emma Darwin an eine Freundin, »und ich nehme an, er hofft, schließlich beweisen zu können, dass sie ein Tier ist.« (Corr 2, 193) Wir sehen das gleiche Motiv aufscheinen, das auch den Studien zu den Kletterpflanzen zugrunde lag: der zoologische Blick auf die Botanik, Pflanzen als mögliche Tiere zu betrachten. Als die Familie im Herbst des gleichen Jahres zu einer weiteren Kur nach Eastbourne fuhr, reisten die Pflanzen, die Darwin aus Sussex nach Hause gebracht hatte, ebenfalls mit. Sie sollten ihn nicht mehr loslassen, Emma Darwin behielt recht. »Bei Gott«, schrieb auch Darwin an den befreundeten Botaniker Hooker, »ich glaube manchmal, Drosera ist ein verkleidetes Tier.«[75]

Als 1875 *Die Insectenfressenden Pflanzen* samt dreißig Holzschnitten erschien, bildete *Drosera* den Hauptuntersuchungsgegenstand. Die Gattung Sonnentau (*Drosera*) stellt mit weit über hundert Arten die zweitgrößte Gattung fleischfressender Pflanzen, wobei sich alle Sonnentauarten durch Tentakel auf den Blättern auszeichnen, die mit klebrigen Sekreten besetzt sind und bewegt werden können. Mittels der Tentakel geht die Pflanze auf Beutefang, die tierischen Substanzen werden aufgesaugt und verdaut. Im Gegensatz zu gewöhnlichen Pflanzen der höheren Klassen, die sich über die Wurzeln Nährstoffe aus dem Boden besorgen oder durch die Blätter über die Luft, ernährt sich die insektenfangende Pflanze ähnlich wie ein Tier, eine Besonderheit, an die sich für Darwin Fragen anschlossen. Wie und woran erkennt die Pflanze geeignetes Essen? Wie verdaut sie es? Sein Gewächshaus besuchte er nun täglich, indem er in die Rolle eines Zoowärters schlüpfte, der seinen Zöglingen die unterschiedlichsten Speisen vorsetzte. Darwin träufelte Milch, Olivenöl, Eiweiß, Zucker und Tee auf die Tentakel, legte Glassplitter, Holzstückchen oder Fleisch ein, betäubte sie mit Chloroform oder gab ihnen Sherry. Er, der sein Leben an Übelkeit und Magenproblemen litt, studierte voller Staunen die robusten kleinen Pflanzen, die mit so großer Treffsicherheit wussten, welche Speise ihnen bekommt und welche nicht.

Elf von achtzehn Kapiteln widmete Darwin *Drosera*, beschrieb Morphologie und Physiologie und wies die verdauende Wirkung der Droseraenzyme nach. Die letzten sechs Kapiteln handelten von weiteren insektenfressenden Pflanzen, darunter die tropischen Kannenpflanzengewächse, die mit ihren aufsehenerregenden geformten Kelchen gegen Ende des 19. Jahrhunderts in London in Mode kamen. *Die Insectenfressenden Pflanzen* wurde kein großer Erfolg, wenn auch Darwin bleibende Freude daran hatte. In seiner Autobiografie erinnert er sich mit Blick auf das Buch, welches Vergnügen es ihm bereitet habe, »die Pflanzen in der Rangordnung organisierter Wesen höher zu stufen« (ML, 141).

Im Oktober 1881, ein halbes Jahr vor seinem Tod, erschien schließlich Darwins letztes Werk, *Die Bildung der Ackererde durch die Tätigkeit der Würmer mit Beoachtung über deren Lebensweise*. Gegenstand des Buchs ist der gemeine Regenwurm, und beim Durchblättern werden wir eine gewisse englische Exzentrik bemerken: Von den fünfzehn Holzschnitten zeigen drei die Exkrementhaufen der Regenwürmer, maßstabsgetreu und derart liebevoll beschrieben, als handele es sich um Sehenswürdigkeiten auf einer Grand Tour (Abb. 9). »Thurmähnlicher Excrementhaufen aus der Nähe von Nizza, aus Erde gebildet und wahrscheinlich von einer Species von Perichaeta ausgeleert«, lautet eine Bildunterschrift, die beiden anderen Beispiele stammen aus dem Garten von Kalkutta und den Nilgiribergen in Indien.

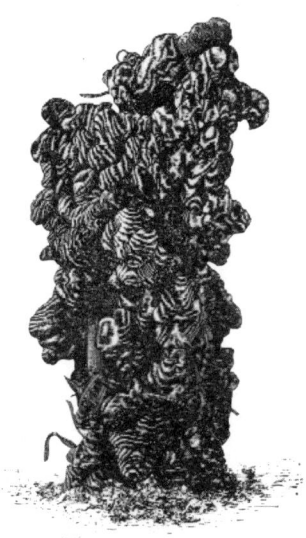

Abb. 9: Exkrementhaufen eines Regenwurms aus Darwins *Tätigkeit der Würmer* von 1881

Auch hier vertraute Darwin auf sein Netzwerk von Korrespondenten. Der Ton ist durchgehend hochachtungsvoll, mit Blick auf die Archäologen heißt es etwa, sie »sollten den Regenwürmern dankbar sein« (TW, 175). Indem die Regenwürmer die obersten Schichten der Erde auflockerten und deshalb Gebäude immer tiefer in die Erde sänken, wo sie luftdicht verschlossen bewahrt und beschützt würden, hätten sie die Funktion von Konservatoren übernommen. Aber auch darüber hinaus hätten sie die Erdoberfläche gestaltet. Zum einen beschleunige die Auflockerung der oberen Bodenschichten Erosionsprozesse, die Erde könne vom Wind leichter abgetragen und verteilt werden. Zum anderen bereiteten sie wühlend die Böden für Pflanzen und deren Wurzeln oder Sämlinge vor. »Man kann wohl bezweifeln«, schreibt Darwin, »ob es noch viele andere Thiere gibt, welche eine so bedeutungsvolle Rolle in der Geschichte der Erde gespielt haben, wie diese niedrig organisirten Geschöpfe.« (TW, 177 f.)

Geradezu leitmotivisch wiederholt Darwins letztes Buch zwei tragende Prinzipien seiner Evolutionstheorie. Zum einen das der sich akkumulierenden kleinen Ursachen. Wir hatten gesehen, dass Darwin dieses Denkmodell aus Charles Lyells Schriften übernimmt und von der Geologie in die Lebenswissenschaften überträgt. Es sind kleine Variationen, die sich, falls sie von Vorteil und erblich sind, über Generationen akkumulieren und für große Veränderungen sorgen. An den Finken der Galápagosinseln hatte Darwin die Schubkraft des Details für sich selbst entdeckt, anhand der Tauben erklärte er sie seinen Lesern. Deutlich vor Augen stellte sie außerdem sein Diagramm, auf einen Blick konnten hier im Neigungswinkel der großen ausladenden Linien die sich von Generation zu Generation staffelnden Abweichungen ermessen werden. Mit den Regenwürmern widmete sich Darwin wieder einer dieser kleinen Einheiten, beharrliche Arbeiter, die im Zusammenwirken Großes bewegten. »Der Pflug«, führte er aus, »ist einer der allerältesten und werthvollsten Erfindungen des Menschen; aber schon lange, ehe er existirte, wurde das Land durch Regenwürmer regelmäßig gepflügt und wird fortdauernd noch immer gepflügt.« (TW, 177)

Das andere Prinzip, das Darwin noch einmal an den Regenwürmern durchspielte, waren die sich auflösenden Kategorien, die er zuvor zwischen Pflanze und Tier, hohen und niedrigen Organismen beschrieben hatte. In seinen botanischen Schriften rückt Darwin die Pflanzen in die Nähe von Tieren: Seine Forschung zeigte, dass sie sich ebenso bewegten, verdauten oder auf Jagd gingen. Und auch im Fall des Regenwurms, von Natur aus fast blind, nur an Vorder- und Hinterende mit lichtempfindlichen Sensoren ausgestattet und in der Lage auf Erschütterungen des Bodens zu reagieren, war Darwin dazu bereit, dem Organismus grundsätzlich alles zuzutrauen. Wie sich zeigte, konnte auch der Regenwurm den englischen Forscher verblüffen. In der *Tätigkeit der Würmer* hieß es:

»Es ist aber noch weit überraschender, daß sie in der Art und Weise, wie sie die Mündungen ihrer Röhren zustopfen, augenscheinlich einen gewissen Grad von Intelligenz darbieten, anstatt einem bloßen blinden instinctiven Antriebe zu folgen. [...] Sie handeln nicht in allen Fällen in ein und derselben Weise, wie es die meisten niederen Thiere thun; sie ziehen beispielsweise Blätter nicht bei den Stielen ein, wenn nicht der Basaltheil der Blattscheibe so schmal wie der Spitzentheil oder schmäler ist.« (TW, 177)

Wenn die Grenzen zwischen niederen und höheren Tieren fließend waren und ebenso zwischen dem Pflanzen- und Tierreich, dann musste es auch denkbar sein, dass Eigenschaften, die man der einen Seite zugeordnet hatte, plötzlich auf die andere wechselten. Nachdem Darwin sich überzeugt hatte, dass Verhaltensvarianz oder Formen von Intelligenz an den Würmern beobachtet werden konnten, testete er sie sogar auf musikalisches Empfinden. In Down House Museum erinnert heute noch ein mit Erde gefüllter Topf auf dem Klavier daran, dass Francis Darwin von seinem Vater angehalten wurde, für Regenwürmer zu musizieren.

Das Buch war ein Erfolg. »3500 Worms!!« schrieb Murray zwei Tage nach der Veröffentlichung an Darwin. In den Wochen darauf wurde der Autor mit Briefen überschüttet, in denen Laien ihre Beobachtungen zu Leben und Verhalten der Regenwürmer beizusteuern wünschten. »Die vielen Briefe zu den Würmern treiben mich noch in den Wahnsinn; aber zwischen viel Abfall finden sich doch auch gute Fakten & Anregungen«[76], schrieb er. Einige Kommentatoren wollten in dem Buch eine geradezu christliche Hochachtung vor der niederen Kreatur bemerkt haben, eine Sicht, die das Satiremagazin *Punch* in der zu Anfang gezeigten Karikatur aufgriff, in der Darwin als Gottvater inmitten eines Evolutionsstrudels saß, der bei den Regenwürmern seinen Anfang nahm (s. Abb. 1).

Aber auch in Darwins Werk schloss sich ein Kreis. Das Buch über die Regenwürmer endete auffällig ähnlich wie einst *Die Entstehung der Arten*. »Es ist wahrlich eine großartige Aussicht«, hatte er dort 1859 geschlossen, »daß [...] aus so einfachem Anfange sich eine endlose Reihe der schönsten und wundervollsten Formen entwickelt hat und noch immer entwickelt.« (EA[6], 578) Und fast wie ein Echo hieß es 1882 nun: »Es ist wohl wunderbar, wenn wir uns überlegen, daß die ganze Masse des oberflächlichen Humus durch die Körper der Regenwürmer hindurchgegangen ist und alle paar Jahre wiederum durch sie hindurchgehen wird.« (TW, 177)

Zufällig sind diese Übereinstimmungen nicht. Die Vorstellung, das Bild der Natur habe sich mit Darwin verdüstert, ist weit verbreitet, der Blick auf die in diesem Kapitel vorgestellten Werke sollte jedoch gezeigt haben, dass dies nur bedingt zutrifft. Natürlich handelt die Evolutionstheorie auch vom Untergang der Arten, von Aussterben und Selektion. Aber die Variationsfülle, die erstaunlichen Fähigkeiten der niederen Organismen, ihre Bedeutung für das Naturganze, die merkwürdigen Zufälle, durch die ein Merkmal im Verlauf der Evolutionsgeschichte einer neuen Funktion zugeführt werden kann, all das rief bei Darwin anhaltende Bewunderung hervor. Es war ein Staunen, das er an seine Leser weitergab.

5. Mensch und Affe

Nichts in Darwins Theorie hat so viele und hartnäckige Missverständnisse produziert wie die Verwandtschaft des Menschen mit dem Affen. Wie wir in den vorangegangenen Kapiteln gesehen haben, ließ er für die Interpretation seiner Theorie oft weite Spielräume, in einigen Fällen blieb er selbst mehrdeutig: Sein Begriff der natürlichen Selektion beispielsweise bezeichnete ein Spektrum von Szenarien, die Frage, wie Eigenschaften vererbt würden, ebenfalls. Was die Tiere anbetraf, äußerte sich Darwin nun überraschend eindeutig, zu der Frage, was es bedeutete, von den Tieren abzustammen, auch. Stephen Jay Gould, Paläontologe und einer der bedeutendsten Evolutionstheoretiker im 20. Jahrhundert, hat das Missverständnis mit einer rhetorischen Frage auf den Punkt gebracht: »Warum sollte unsere Bösartigkeit das Gepäck einer äffischen Vergangenheit und unsere Gutartigkeit etwas exklusiv Menschliches sein? Warum sollten wir nicht auch hinsichtlich unserer ›edlen‹ Eigenschaften nach Kontinuität mit anderen Tieren suchen?«[77] Die Vorstellung, die Tierverwandtschaft müsse mit moralischem Verfall einhergehen, beruht offenbar auf einem Denkfehler.

Kommen wir also zu Darwin: Wie schon mehrmals angemerkt, machte Darwin in der *Entstehung der Arten* 1859 einen Bogen um das Thema, nicht einmal Affen, geschweige denn Menschen kamen in seinem evolutionstheoretischen Erstlingswerk vor. Doch auch wenn er erst spät über Affen publizieren sollte – bis 1871 erwähnte er sie so gut wie nicht –, belegen zahlreiche Aufzeichnungen in den frühen Tagebüchern zu Mensch und Tier, dass sein Interesse an der Thematik so alt war wie seine Arbeit an der Evolutionstheorie. Insbesondere die Ähnlichkeiten, die er in der Gebärdensprache zwischen Mensch und Tier feststellte, notierte er von 1839 an in zwei Notizbüchern: »Sehe ich einen Hund, ein Pferd oder einen Menschen gähnen«, heißt es dort etwa, »gibt es mir das Gefühl, daß alle Tiere auf derselben Struktur aufbauen.« (Notebook M, 44) Im Zoologischen Garten beobachtete er den Orang-Utan Tommy, dessen Gesicht »einen Ausdruck von Schwäche & Leiden« zeigte, als er krank wurde; oder er spielte mit der Schimpansin Jenny, die, nachdem sie mit den Zähnen Kornähren aus dem Stroh gezogen hatte, »wie ein Kind, das nicht weiß, was es damit anfangen soll«, zu ihm kam: Sie »öffnete meine Hand & tat sie hinein, wie ein Kind« (Notebook N, 92). Wenn die Schimpansin dabei überrascht wurde, etwas Verbotenes zu tun, versteckte sie sich unter einer Decke, aus »Angst oder aus Scham«. Darwin schloss: »Derjenige, der den Pavian versteht, würde mehr zur Metaphysik beitragen als Locke.« (Notebook M, 44)

Den Hintergrund für Darwins Studien bildete dabei eine Entwicklung, die sich im 19. Jahrhundert in ganz England vollzog. Der Ausbau der Verkehrs- und Handelswege, das florierende Züchtergewerbe und nicht zuletzt Königin Viktorias legendäre Tierbegeisterung – sie ließ ihre Hunde, Papageien oder Pferde mehrfach in Öl auf Leinwand porträtieren – führten zu einem starken Anstieg tierhaltender Haushalte in England. Nie zuvor in der Geschichte bevölkerten mehr Tiere die Wohnstuben, Sofas, Sessel, Beistelltischchen und Teppiche des Bürgertums, das sich nun Wellensittiche aus Australien importierte, Goldfische im Aquarium hielt und mit Hund und Katze das Wohnzimmer teilte. Entgegen der Vorstellung, Industrialisierung und Verstädterung hätten Mensch und Tier in zwei getrennte Lebenswelten verbannt, rückten einige Tiere und Menschen dichter zusammen: das Bürgertum mit seinen Haus- und Zootieren.[78] Dass weder Haus- noch Zootier repräsentativ für das Schicksal der Tiere im 19. Jahrhundert sind, ist offensichtlich. Während sich gleichzeitig die Massentierhaltung herausbildete, die Auslagerung der Schlachthäuser an die Stadtränder und damit die industrielle Fleischproduktion, die in den Legebatterien, Mastfabriken, Tiertransporten und Schlachthäusern unseres Jahrhunderts gipfelt, nahmen diese Tiere eine herausgehobene Position ein, sie bildeten gewissermaßen eine privilegierte Schicht. Das Mast-, Last- und Nutztier taucht in Darwins verhaltenstheoretischen Studien nicht auf, ebenso wenig wie das wilde Tier, das in seiner ursprünglichen Umgebung lebt. Das Augenmerk des Evolutionstheoretikers richtete sich vornehmlich auf die domestizierten Tiere, eine Blickrichtung, die ihn mit dem Großteil des viktorianischen Bürgertums verbindet. Historisch treten diese Tiere damit in ein neues Licht: Sie erscheinen nicht nur als Ersatznatur oder exotische Schaustücke des viktorianischen Bürgertums, sondern auch als Träger der Einsicht in die Nähe von Mensch und Tier.

Im Fall von Darwin lässt sich diese Erkenntnis, die mit den Haustieren kam, biografisch nachzeichnen: Überliefert sind seine Notizbuchaufzeichnungen zu Zoo- und Haustieren, seine Korrespondenz zu dem Thema, seine Fragen an Zoowärter oder Tiermaler. Eine besondere Rolle spielte die kleine Hündin Polly, deren Körbchen im Arbeitszimmer stand. Dem Bild der Terrierhündin seiner Tochter Henrietta begegnen wir 1872 auf den ersten Seiten von *Ausdruck der Gemütsbewegungen*: Den Kopf zur Seite geneigt, die Ohren angewinkelt und die linke Pfote hebend, betrachtet sie einen Gegenstand außerhalb des Bildes, der dem erläuternden Text zufolge eine Katze auf einem Tisch ist (AG, 39). Es ist eine häusliche Situation, die der Holzstich schildert, wobei die gehobene Pfote laut Darwin das Rudiment einer Sprungbewegung zum Beutefang ist, eine zur Gewohnheit gewordene Reflexbewegung. Thomas Henry Huxley taufte das Tier aufgrund seiner Bedeutung in dessen Verhaltensstudien in einem Brief scherzhaft »the Ur-hund«.[79]

Was Darwin an den Tieren beobachtete, an ihrer Mimik und Körpersprache, und was er schließlich 1872 im *Ausdruck der Gemütsbewegungen* in Wort und Bild veröffentlichte, führte die Argumentation aus der *Abstammung des Menschen* von 1871 weiter. Dort hatte er erklärt, dass die postulierte Ähnlichkeit zwischen Mensch und Tier nicht nur in physiologischer oder anatomischer Hinsicht gemeint war, sondern auch Geist, Wesen und Verstand umfasste. Im dritten Kapitel hieß es dazu zusammenfassend:

»Ich glaube, es ist nun gezeigt worden, dass der Mensch und die höheren Thiere, besonders die Primaten, einige wenige Instincte gemeinsam haben. Alle haben dieselben Sinneseindrücke und Empfindungen, ähnliche Leidenschaften, Affecte und Erregungen, selbst die complexeren, wie Eifersucht, Verdacht, Ehrgeiz, Dankbarkeit und Grossherzigkeit; sie üben Betrug und rächen sich; sie sind empfindlich für das Lächerliche und haben selbst einen Sinn für Humor. Sie fühlen Verwunderung und Neugierde, sie besitzen dieselben Kräfte der Nachahmung, Aufmerksamkeit, Ueberlegung, Wahl, Gedächtniss, Einbildung, Ideenassociation. Verstand, wenn auch in sehr verschiedenen Graden. Die Individuen einer und derselben Species zeigen gradweise Verschiedenheit im Intellect von absoluter Schwachsinnigkeit bis zu großer Trefflichkeit. Sie sind auch dem Wahnsinn ausgesetzt, wenn schon sie weit weniger oft daran leiden als der Mensch.« (AM[6] I, 102)

Was an dieser Reihung auffällt, ist, dass die positiven Eigenschaften überwiegen: Darwin nennt Eifersucht, Verdacht, Ehrgeiz, Dankbarkeit und Großherzigkeit, Humor, Verwunderung, Neugierde, Nachahmung, Aufmerksamkeit, Überlegung, Wahl, Gedächtnis, Einbildung, Ideenassoziation und sogar Wahnsinn, der bei Tieren allerdings nur selten auftrete. Nach Darwin hat der Mensch vom Tier demnach – den Wahnsinn ausgenommen – vornehmlich Gutes geerbt. Um zu verstehen, wie wenig diese Einschätzung von seinen Zeitgenossen geteilt wurde, insbesondere was die Affen anbetraf, müssen wir uns kurz einem Buch zuwenden, das auf dem Höhepunkt der Debatte um die Evolutionstheorie erschien und sich in unser kulturelles Gedächtnis eingeprägt hat, weil es die Vorlage für die Hollywoodfigur King Kong abgibt.

Eine merkwürdige Gleichzeitigkeit der Ereignisse ließ im selben Jahr, als *Die Entstehung der Arten* in England erschien, den Afrikareisenden Paul Belloni Du Chaillu von einer durch die naturforschende Gesellschaft in Philadelphia und Boston finanzierten Entdeckungsfahrt zurückkehren, im Gepäck einen Reisebericht, der den afrikanischen Gorilla zum Inbegriff der Bestie machen sollte. Du Chaillu behauptete, den Gorilla mehrmals in freier Wildbahn gesehen zu haben, und beanspruchte damit, der erste westliche Augenzeuge des sagenumwobenen Tieres zu sein. Die zoologische Wissenschaft kannte den Gorilla erst seit 1847, nachdem er anhand von zwei Skeletten in der Sammlung des Naturkundemuseums in Boston beschrieben und von den schon zuvor bekannten Arten Orang-Utan und Schimpanse unterschieden worden war. Lebend hatte den Gorilla vor Du Chaillu noch kein westlicher Reisender gesehen.

In England veröffentlichte den Reisebericht im Jahr 1861 das Londoner Verlagshaus Murray, das auch Darwin verlegte. Was mit dem Gorilla, falls er von nun an als Verwandter des Menschen gelten müsse, auf dem Spiel stand, machte Du Chaillu in seinem Reisebericht *Explorations and Adventures in Equatorial Africa* unmissverständlich deutlich: Der Gorilla, so wie ihn Du Chaillu schilderte, war brutal und verschlagen, dumm, gewalttätig und außerordentlich stark. Nach den Berichten des Autors raubte er außerdem Frauen, ein Motiv, das 1933 in der amerikanischen Filmproduktion *King Kong und die weiße Frau* zum Tragen kam. Die infolge der Evolutionstheorie losgebrochene Diskussion um die Affenverwandtschaft verlieh Du Chaillus Schilderungen besonderes Gewicht. Von allen Tieren schien der Gorilla moralisch am wenigsten dazu geeignet, ein naher Verwandter des Menschen zu sein, wie ein Autor des *Daily Telegraph* 1861 feststellte: »Sogar wenn Herr Darwin und seine Freunde uns davon überzeugen könnten, dass unsere entfernten Verwandten Meerschweinchen oder Raupen seien«, hieß es dort resümierend, »würde man nicht, sind wir geneigt uns vorzustellen, mit dieser Entdeckung ein neues System der Ethik vorfinden.« Raupen und Meerschweinchen als nächste Verwandte stellten keine Bedrohung der Moral dar, die schwarzen Menschenaffen hingegen schon.[80] Die These, der Mensch sei mit dem Affen verwandt, schien gleichbedeutend mit der Behauptung, der Mensch sei eine Bestie.

Dass Darwin die Debatte um den Gorilla aufmerksam verfolgte, können wir anhand seiner Briefe und Notizen feststellen. In einem Brief an einen Bekannten scherzte er etwa am 14. April 1868, nachdem er einige Porträtfotografien von sich erhalten hatte, sie zeigten »einen wenig modifizierten, kaum verbesserten Gorilla« (Corr 16, 14. April 1868). Aus demselben Jahr ist eine Skizze überliefert (Abb. 10), in der Darwin Geschichte und Verwandtschaftsverhältnisse von Mensch und Affe festhält.

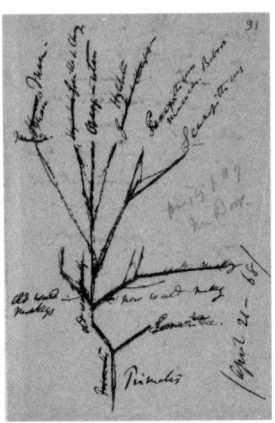

Abb. 10: Darwins Skizze des
Stammbaums der Primaten von 1868

In Bezug auf den Menschen trifft das Evolutionsdiagramm zwei Aussagen: Erstens, dass Gorilla und Schimpanse die nächsten lebenden Verwandten sind, und zweitens, dass der Mensch nur eine Gattung innerhalb der Primaten ist. Dem Menschen räumt Darwin weder eine zentrale noch eine herausragende Position ein. Damit unterscheidet sich sein Entwurf von dem des deutschen Zoologen Ernst Haeckel, der 1874 in seinem Buch *Anthropogenie oder Entwickelungsgeschichte des Menschen* den Menschen auf dem höchsten Punkt der Stammbaumkrone ansiedeln sollte; Gorilla und Schimpanse verbannte er in darunterliegende Abzweigungen. Auch im Gegensatz zu Haeckel ließ Darwin den Stammbaum unpubliziert. In der *Abstammung des Menschen* beschrieb er nur in Worten, wie er sich unsere Vorfahren vorstellte:

»Die frühen Urerzeuger des Menschen müssen einst mit Haaren bekleidet gewesen sein, wobei beide Geschlechter Bärte hatten. Ihre Ohren waren wahrscheinlich zugespitzt und einer Bewegung fähig, und ihr Körper war mit einem Schwanz versehen [...] ohne Zweifel waren unsere Urerzeuger Baumtiere, welche ein warmes, mit Wäldern bedecktes Land bewohnten. Die Männchen waren mit großen Eckzähnen versehen, welche ihnen als furchtbare Waffe dienten.« (AM[6] I, 210)

Das Männchen mochte Eckzähne haben, insgesamt stellte sich Darwin die Vorfahren in genauer Entgegensetzung zum Bild des Gorillas vor. Er schrieb:

»In Bezug auf die körperliche Größe oder Kraft wissen wir nicht, ob der Mensch von irgend einer vergleichsweise kleinen Art, wie der Schimpanse, abstammt oder von einer so mächtigen wie der Gorilla [...] Wir müssen indes im Auge behalten, dass ein Thier, welches bedeutende Größe, Kraft und Wildheit besitzt und welches, wie der Gorilla, sich gegen alle Feinde verteidigen kann, wahrscheinlich nicht social geworden sein wird, und dies würde in äusserst wirksamer Weise die Entwicklung jener höheren Eigenschaften beim Menschen, wie Sympathie und Liebe zu seinen Mitgeschöpfen, gehemmt haben. Es dürfte daher von einem unendlichen Vortheil für den Menschen gewesen sein, von irgend einer verhältnissmässig schwachen Form abgestammt zu sein.« (AM[6] I, 82)

Die Vorstellung vom Menschen als »schwacher Form«, wie sie in dieser Passage aufscheint, sollte in der Philosophie mehrfach aufgegriffen werden. Bereits 1873 schrieb der Philosoph Friedrich Nietzsche in der erst postum veröffentlichten Schrift *Ueber Wahrheit und Lüge im außermoralischen Sinne* der Mensch, welchem der »Kampf um die Existenz mit Hörnern oder scharfem Raubtier-Gebiß zu führen versagt ist«, bedürfe des Intellekts als eines Mittels zur Erhaltung des Individuums. Er entfalte seine Kräfte in der Verstellung, in Täuschung, Schmeicheln, Lügen und Trügen, wodurch sich die »weniger robusten Individuen« erhielten.[81] Der deutsche Philosoph und Soziologe Arnold Gehlen prägte 1940 schließlich in seinem Hauptwerk *Der Mensch* den Begriff vom Menschen als »Mängelwesen« und schloss daraus, dieser bedürfe der Institutionen, des Zusammenschlusses in höher organisierten Gruppen, die ihm sowohl Halt als auch Sicherheit gegen eine feindliche Umwelt böten. Wir sehen bereits, dass sich die von Darwin gesetzte Pointe auch hier wieder verschiebt. Aus der körperlichen Schwäche des Tiers Mensch leitete Darwin dessen moralischen Charakter ab, seine Geselligkeit sowie Liebe und Sympathie. Nietzsche hingegen sah in der gleichen Eigenschaft das Einfallstor für Lüge und Verstellung; Gehlen wollte damit die Notwendigkeit von Autorität und Tradition begründen. Dass moralische Einstellungen ein Erbe der Tiere sein könnten und noch dazu beim Überleben helfen, wurde nach Darwin merkwürdigerweise lange Zeit nicht mehr in Betracht gezogen. In der jüngeren Verhaltensforschung allerdings, insbesondere in den Studien des Primatenforschers Frans de Waal, wird Darwins Ansatz wieder aufgegriffen. In *Der Affe und der Sushimeister* weist de Waal auf die Vielfalt der Verhaltensweisen hin, die durch Evolution hervorgebracht worden seien. Selektionsprozesse hätten, so de Waal, »zu manchen erstaunlich kooperativen Spezies geführt, mit Charaktereigenschaften wie Treue, Vertrauen, Mitgefühl und Großzügigkeit«[82].

Innerhalb von nur vier Monaten nach Abgabe der Druckfahnen für *Die Abstammung des Menschen* schrieb Darwin *Ausdruck der Gemütsbewegungen*, eine geradezu fließbandhafte Geschwindigkeit, die zeigt, wie eng beide Werke miteinander zusammenhängen. Ursprünglich hatte er geplant, das Forschungsprojekt als Teil der *Abstammung des Menschen* zu veröffentlichen. Da er jedoch bald feststellte, dass genug Material für ein ganzes Buch zusammengekommen war, gliederte er das Kapitel wieder aus und widmete ihm eine eigenständige Publikation. Das Innenleben von Mensch und Tier, das er in der *Abstammung des Menschen* in zahlreichen Erzählungen geschildert und bis zur Ununterscheidbarkeit überblendet hatte, wurde nun um die evolutionäre Systematik seiner Äußerungsformen erweitert. Das menschliche und tierische Antlitz verschmolzen zu einem untrennbaren Ganzen: Auf den Seiten von *Ausdruck der Gemütsbewegungen* traf der Leser auf Affen, die lachten, und Damen, die ihre Zähne bleckten. Vor dem Hintergrund der Evolutionstheorie erschienen beide Verhaltensweisen nicht mehr überraschend.

Der *Ausdruck der Gemütsbewegungen* war das Buch mit den meisten Abbildungen, das einzige, das Fotografien enthielt, das einzige, das Bilder von Menschen zeigte, und zugleich Darwins zunächst erfolgreichstes Werk: In England verkaufte es sich innerhalb von vier Monaten 9000 Mal. Bis zur Jahrhundertwende erschien es in den Vereinigten Staaten, Holland, Frankreich, Deutschland, Italien und Russland. In vierzehn Buchkapiteln systematisierte Darwin nun, was ihn seit dreißig Jahren beschäftigte, als er begonnen hatte, über Evolution nachzudenken. Bereits 1838 notierte Darwin zum Thema einen ausführlichen Fragenkatalog in sein Notizbuch: »Was ist eine Analyse der Ausdrucksbewegungen des Begehrens? Ist da nicht ein Vorschieben des Kinns wie bei Bullen & Pferden? [...] Ein Pferd, das schnaubt & sich wohlfühlt, richtet die Ohren auf? Wie sieht der Ausdruck von Zorn bei Schwänen, bei Papageien &c &c aus? Pfau und Truthahn in Leidenschaft.« (Notebook M, 74f.)

Darwin sah im tierischen Antlitz dabei nicht ein Schema, um das menschliche zu lesen. In der physiognomischen Tradition, vor allem bei Johann Caspar Lavater im 18. Jahrhundert, hatten die Gesichter der Tiere, die als einfacher zu lesen galten, noch dazu gedient, das menschliche Gesicht zu entziffern. Worauf Lavater in seinen *Physiognomischen Fragmenten* Gesichter absuchte, waren nicht Geschichte und Verwandtschaft, sondern die Zeichenhaftigkeit einer universalen Natursprache, die er bei den Tieren in typologisierter Reinform zu finden glaubte. Der Elefant stand für Erinnerungsvermögen und Witz, und dementsprechend versprach die Silhouette eines menschlichen Kopfes, dessen Stirn in ähnlicher Linie geschwungen war, »tiefstehende, überlegende Urtheilskraft«. Wegen dieser Eindeutigkeit eignete sich das Tiergesicht als Schablone, um die verborgenen Eigenschaften menschlicher Züge zu entziffern.[83] Mit Darwin änderte sich das. Weil Mensch und Tier miteinander verwandt waren, konnte keineswegs eindeutig entschieden werden, ob mit dem menschlichen Gesicht das Antlitz des Tieres gelesen werden sollte oder umgekehrt. So spricht Darwin angesichts der Fotografie einer Dame, die den Eckzahn durch Hochziehen der Oberlippe zeigt, vom Ausdruck eines »durchaus hündischen Fletschens«. Die Muskelbewegungen der Mund- und Augenpartie eines Schopfmakaken dagegen bezeichnet er als »Lächeln« oder »Lachen«, eine bis dahin exklusiv menschliche Gefühlsregung. Das Gesicht des Hundes hilft in einem Fall also, das Gesicht der Dame zu verstehen; das Gesicht des Menschen im anderen Fall, umgekehrt das Gesicht des Affen zu lesen. Der tierische Ausdruck ist damit so menschlich wie der des Menschen animalisch.

Der heimliche Gegner, an dem sich Darwin abarbeitete, war aber nicht Lavater, sondern der schottische Mediziner Sir Charles Bell und dessen Schrift *The Anatomy and Philosophy of Expression as Connected with the Fine Arts*. Bell, wie Darwin ein Absolvent aus Cambridge, behauptete darin einen fundamentalen Unterschied zwischen menschlicher und tierischer Mimik. Die entscheidende Differenz bestand nach Bell im Fehlen des Brauenrunzlers, ein Muskel, mit dem beim Menschen die Partie von Auge und Stirn bewegt wird. Darwin aber, der Bell 1840 las, hatte mit eigenen Augen die Gesichter der Tiere Zustände annehmen sehen, die nach Bells Analyse nicht hätten möglich sein dürfen. Bell schrieb, den Tieren fehle der Augenbrauenrunzler; Darwin notierte dazu in seiner Ausgabe von Bells Buch: »Habe ich gut entwickelt bei Affen gesehen, ziehen dauernd Haut über Augen zusammen.« (Mar, 48) Auch das »Lächeln« wollte Bell als eine ausschließlich menschliche Regung verstanden wissen, »gegeben, um die Rührung des Herzens auszudrücken«. Dass die menschlichen Gesichtsmuskeln allein zu dem Zweck geschaffen worden waren, Mitmenschen Gefühle mitzuteilen, konnte Darwin jedoch nicht glauben, wie er Wallace im März 1867 mitteilte: »Ich will, jedenfalls, Sir C. Bell's Ansicht zum Kippen bringen [...] dass einige Muskeln dem Menschen nur dafür gegeben worden sind, um anderen seine Gefühle zu zeigen.« (Corr 15, 141)

Wenige Jahre darauf, Darwin steckte gerade inmitten der Arbeit am *Ausdruck der Gemütsbewegungen*, meldete ein Tierwärter des Zoologischen Gartens von Regent's Park einen merkwürdigen Zwischenfall. Der *Cynopithecus niger*, ein pechschwarzer Schopfmakake, der kurze Zeit zuvor von der Insel Celebes im malaysischen Archipel in London eingetroffen war, lachte. Er kicherte. Mit einem leise schnatternden Geräusch drehte er die schwarzen Öhrchen nach hinten, zog die Mundwinkel nach oben und zeigte die vorderen Reihen seines Gebisses. Zeuge dieser seltsamen Begebenheit war zuerst der Tierwärter Mr. Sutton, der den Vorfall umgehend an Mr. Bartlett, den Direktor des Zoologischen Gartens, meldete. Mr. Bartlett ließ keine Zeit verstreichen, um Dr. Darwin zu informieren, den berühmten und regelmäßigen Besucher des Gartens, dessen Interesse an tierischen Verhaltensweisen bekannt war. Der *Cynopithecus niger*, wurde ihm ausgerichtet, lache, wenn er »sich über Liebkosungen« freue.[84]

Nachdem der Vorfall gemeldet worden war, erkundigte sich Darwin umgehend bei der Zooleitung, wen man ihm für ein Porträt des Tiers empfehlen könnte. Man verwies ihn an den Tiermaler Joseph Wolf. Im *Ausdruck der Gemütsbewegungen* von 1872 lachte der *Cynopithecus niger* im ersten Drittel des Buches, gefolgt von drei lachenden Mädchen und einem alten Mann. Darwin ließ den Maler zwei Mal das Gesicht des Äffchens aufnehmen (Abb. 11). Das Zähnezeigen, das den bleckenden Gorilla in den 1860er Jahren in zahlreichen Buchillustrationen und Karikaturen zum Monster gemacht hatte, rückte den Makaken in die Nachbarschaft des Menschen. Von einer Abbildung zur nächsten legt das Tier den Haarschopf zurück, zieht die Ohren nach hinten, hebt die Augenbrauen leicht an und öffnet mit nach oben gezogenen Lippen den Mund, um einen leisen Laut auszustoßen: sein Lachen. Das große schwarze Gorillagesicht der Drohgebärde war durch ein kleines lächelndes ausgewechselt worden. Es war das Gegenbild zum zähnefletschenden Menschenaffen: Darwins Gorilla, der kleine Adam, war ein lachender Schopfmakake. Die Nähe zwischen Mensch und Tier schuf nicht die Bestie, sondern ein lächelnder Affe.

Abb. 11: Joseph Wolfs Vorzeichnungen
des lachenden Schopfmakaken für Darwins
Ausdruck der Gemütsbewegungen von 1872

In der Naturgeschichte war dieser lachende Affe eine Premiere. Noch nie hatte ein Forscher vorher behauptet, einen Affen lachen zu sehen. Und schon gar nicht hatte jemand vorher das Bild eines lachenden Affen ins Zentrum eines Buches gestellt. Herbert Spencer, der Soziologe und Philosoph, der Darwin die Formulierung »survival of the fittest« geliefert hatte, war es, als er 1861 *The Physiology of Laughter* schrieb, nicht in den Sinn gekommen, dass außer dem Menschen noch jemand in Gelächter ausbrechen könnte. Bei Darwin jedoch lachten Mädchen, Hunde und Affen. Im Text fügte er hinzu, Wallace habe bestätigt, dass auch die Orang-Utans lachten; er selbst kenne den Ausdruck ebenfalls von Schimpansen. Ein weiteres Bild zeigte einen Schimpansen aus dem Zoo, der, aus Enttäuschung über eine vorenthaltene Orange, schmollend die Lippen nach vorne schiebt. Die Leser von *Ausdruck der Gemütsbewegungen* hielten eines der vergnügtesten Bücher in der Geschichte der Wissenschaft in Händen. Im Bild sahen sie lächelnde Mädchen, die Hunde und Katzen ihrer Wohnstuben, Schwäne aus dem Hyde Park, Affen aus Regent's Park, plärrende Kleinkinder, eine von der Liebe enttäuschte junge Frau und einen exzentrischen Londoner Studiofotografen. Während andere Evolutionstheoretiker wie Ernst Haeckel oder Thomas Henry Huxley nicht gezögert hatten, Australier oder Afrikaner zum Bindeglied zwischen Affe und Mensch zu erklären, beruhte Darwins visuelles Argument auf der Beobachtung, dass die Engländer ihren Haustieren ähneln. Wilde Tiere zeigten seine Bilder ebenso wenig wie außereuropäische Völker. Die Bilder straften Lügen, was seine schärfsten Kritiker immer wieder gegen ihn ins Feld geführt hatten: die tierische Verwandtschaft degradiere den Menschen. Bei Darwin adelte sie das Tier. Die Verbindung zwischen Mensch und Tier schuf nicht der animalische Mensch, sondern das menschliche Tier.

4. Darwin und seine Kritiker

Diese Einführung hat mit der Frage begonnen, in welchem Verhältnis Wissenschaft und Ideologie zueinander stehen, und sie endet nun damit. Darwins Äußerungen zu Rasse, Religion und Naturgesetzlichkeit führen bis heute zu heftigen Auseinandersetzungen. Die Vorstellung, die Evolutionstheorie sei eine materialistische Theorie, die Moral und Religion für hinfällig erklärt, ist ebenso verbreitet wie der Vorwurf des Sozialdarwinismus. In Büchern wie *From Darwin to Hitler*, geschrieben von dem Kreationisten Richard Weikart im Jahr 2004, wird die Evolutionstheorie in direkte Verbindung mit dem Rassismus gestellt und sogar als Vorbereiterin des Nationalsozialismus betrachtet. Andere Autoren, darunter Friedrich Engels im 19. Jahrhundert, haben Darwin vorgehalten, er habe soziale Ungleichheit zur Naturgesetzlichkeit erklärt. Es wird hier nicht möglich sein, die verschlungene Rezeptionsgeschichte der Evolutionstheorie in den letzten 150 Jahren nachzuzeichnen. Da sich Darwin zu diesen Fragen jedoch selbst recht ausführlich geäußert hat, sollen seine Antworten dieses Buch beschließen.

1. War Darwin Atheist?

Wenn wir nach Darwins religiösen Ansichten fragen, sollten wir uns zuerst an eine Person halten, die bisher wenig zu Wort gekommen ist und doch eine seiner engsten Vertrauten war: Emma Darwin, Charles Darwins Frau, die er im Januar 1839 heiratete. In seiner Autobiografie bezeichnet er sie als ihm »in allen moralischen Qualitäten turmhoch überlegen« und berichtet von dem »wunderbaren Brief an mich, den sie kurz nach unserer Heirat schrieb und den ich aufgehoben habe« (ML, 101). In diesem Brief – es folgte später noch ein zweiter zum gleichen Thema – sorgte sich Emma Darwin darum, ihr Mann könne sich von Gott und der Religion abwenden. Wie seine Frau war auch Darwin anglikanisch getauft worden, ein Glaube, von dem er sich nach der Rückkehr von der Beagle-Reise schrittweise entfernte. Den Hintergrund von Emmas Brief können wir uns aus Darwins Notizbüchern zum Artenwandel erschließen, die er im Juni 1837 begonnen hatte. Im Frühjahr 1838 fragte sich der junge Forscher etwa, ob Gott ein »Effekt der Organisation« des Gehirns sei, eine Spekulation, die er mit der Bemerkung »Oh Du Materialist!« abbricht (Notebook C, 166). Wenig später schreibt er in ein anderes Notizbuch: »Die Entstehung des Menschen jetzt bewiesen. Metaphysik muß aufblühen. Derjenige, der den Pavian versteht, würde mehr zur Metaphysik beitragen als Locke.« (Notebook M, 44) Die Vorstellung, Gott habe den Menschen geschaffen, begann Darwin fremd zu werden.

Emma Darwin, eine geborene Wedgwood, kannte Charles seit ihrer Jugend, er war ihr Cousin. Eine Generation zuvor hatten die Familien schon ineinander geheiratet, als Robert Waring Darwin, Darwins Vater, Susannah Wegdwood ehelichte, eine Tochter des berühmten Porzellanfabrikanten Josiah Wegdwood. Damit wurde Susannahs Bruder zu Darwins Onkel, dessen sieben Kinder zu Cousins, darunter das jüngste, die 1808 geborene Emma. Nachdem also Emma Charles nach einer dreimonatigen Verlobungszeit mit einunddreißig Jahren das Jawort gegeben hatte und zu ihm nach London gezogen war, blieb ihr nicht verborgen, dass ihr Mann an einer Theorie arbeitete, die auch religiöse Fragen berührte. Die beiden Briefe an ihren Ehemann durchzieht ein tiefer Zwiespalt: Auf der einen Seite fürchtete Emma, die fest an ein Leben nach dem Tod glaubte, Charles, falls er vom Glauben abfiele, im Jenseits nicht mehr wiederzusehen; auf der anderen Seite trieb sie die Angst um, die Nähe zu ihm im diesseitigen Leben zu verlieren, sollte sie die Zweifel, die ihn beschäftigten, nicht mit ihm teilen. Emma schickte daher ihren Schreiben Entschuldigungen voraus, ihre Zeilen sind durch ein vorsichtiges Herantasten gekennzeichnet. »Mir scheint«, schreibt sie 1839, »daß die Richtung Deiner Interessen Dich dazu gebracht hat, Schwierigkeiten vor allem auf einer Seite zu sehen, und daß Du noch keine Zeit hattest, auch die Kette von Problemen zu bedenken und zu bearbeiten, die sich auf der anderen Seite ergeben [...].« (ML, 272) Darwins wissenschaftliche Forschung warf Fragen auf, die ihm den Glauben an einen Schöpfergott erschwerten, Emma bat ihn darum, auch in Betracht zu ziehen, dass nicht alles in derselben Art bewiesen werden könne und es Wahrheiten gebe, die »unser Fassungsvermögen« übersteigen. Sie bangte um sein Seelenheil: »Ich möchte auch sagen, daß im Abweisen der Offenbarung eine Gefahr liegt, die auf der Gegenseite nicht besteht: das ist die Sorge, undankbar zu sein, wenn Du leugnest, was zu Deinem Besten und zum Besten der ganzen Welt getan wurde [...].« Auf den Umschlag des ersten Briefs schrieb Darwin: »Wenn ich tot bin, sollst Du wissen, daß ich den Brief viele Male geküßt und Tränen über ihm vergossen habe.« (ML, 274)

Das Vertrauen zwischen den Eheleuten wurde durch Emmas Einwände nicht getrübt, im Gegenteil. Als Darwin im Juli 1844 ein Testament aufsetzte, um festzulegen, was im Fall seines plötzlichen Todes mit dem gerade vollendeten, 231 Seiten umfassenden Manuskript seiner Evolutionstheorie geschehen solle, übertrug er Emma die Aufgabe, einen wissenschaftlichen Herausgeber zu finden. Nach dem Erscheinen der *Entstehung der Arten* schrieb sie ihm einen zweiten Brief, auch dieses Mal schickte sie Entschuldigungen voraus, ihre Ängste waren dieselben geblieben. Darwin litt in dieser Zeit, es war der Juni 1861, an schweren Magenkoliken, Emma erwähnt seine Schmerzen und ihr Mitgefühl. Vielleicht verfasste sie ihre Zeilen sogar unter dem Eindruck, ihr Mann könne an seiner geheimnisvollen Krankheit, die ihn seit mehr als zwanzig Jahren plagte, sterben. »Ich spüre tief im Herzen, wie bewunderungswürdig Deine Eigenschaften und Gefühle sind«, schrieb sie 1861 und schloss die Hoffnung an, »Du würdest sie auch nach oben lenken [...]« (ML, 275). Es klang wie eine Bitte. Darwin notierte auf den Umschlag: »Gott segne Dich.«

Darwins Umschlagnotizen zeigen uns, wie sehr ihn die Sorgen seiner Frau bewegten, eine Ernsthaftigkeit, die auch die Antwortschreiben charakterisiert, die er zum gleichen Thema an einige Korrespondenten schickte. Auch diese Briefe werden wir uns näher ansehen müssen. Den intimen Austausch des Ehepaars Darwin voranzustellen dient jedoch zunächst dazu, in einer Debatte Raum zu gewinnen, die zuletzt in einem sehr engen Radius geführt wurde.

Zwei Parteien sind heute daran beteiligt, diese Auseinandersetzung zuzuspitzen: zum einen die religiöse Rechte in den Vereinigten Staaten, die 2005 in den Bundesstaaten Louisiana und Kansas vor Gericht zog, um durchzusetzen, dass im Biologieunterricht die kreationistischen Schöpfungslehren alternativ zur Evolutionstheorie gelehrt werden. Kreationismus bezeichnet die Auffassung, dass die Bibel, insbesondere das Erste Buch Mose, die Entstehung des Lebens und des Universums beschreibe, dass Gott also jede Art einzeln geschaffen habe und die Erde nicht älter als 6000 Jahre sei. Innerhalb der kreationistischen Bewegung gibt es zahlreiche Splittergruppen, die jeweils Spielarten des beschriebenen Glaubens vertreten, etwa »Neo-Creationism« oder »Intelligent Design«. Während sich in Kansas die Kreationisten anfangs durchsetzen konnten und die Schöpfungslehre als Teil des Biologieunterrichts in die Lehrpläne aufgenommen wurde, scheiterten sie in Louisiana. Kansas kehrte jedoch 2007 wieder zu der alten Lehrplanregelung zurück, nach der Kreationismus im Biologieunterricht nicht gelehrt werden darf.

Auf der Gegenseite haben sich einige Wissenschaftler, Journalisten und Publizisten formiert, die mit den Kreationisten die Überzeugung teilen, dass Evolutionstheorie und Religion unvereinbar seien. Einige gehen noch darüber hinaus und betrachten Religion sogar als Gefahr für Öffentlichkeit und Gesellschaft. Im Jahr 2007 führten der englische Zoologe und Publizist Richard Dawkins sowie der angloamerikanische Publizist Christopher Hitchens mit ihren Büchern *Der Gotteswahn* und *Der Herr ist kein Hirte. Wie Religion die Welt vergiftet* die Bestsellerliste an. Sie vertraten die These, dass Wissenschaft und Religion einander ausschließen. Damit stießen sie nicht nur auf Zustimmung, weder bei Gläubigen noch bei Forschern. Die katholische Kirche kann etwa darauf verweisen, dass Papst Johannes Paul II. 1996 erklärte, die Evolutionstheorie sei mit dem christlichen Glauben vereinbar. Gleichzeitig meldeten sich Wissenschaftler zu Wort, die die Ansicht vertraten, dass beide nebeneinander existieren könnten, etwa der Cambridger Paläontologe Simon Conway Morris. Jede dieser Haltungen finden wir auch im 19. Jahrhundert, die Nuancen und Schattierungen mit eingeschlossen.[85] Asa Gray zum Beispiel, Darwins treuester Anhänger in den Vereinigten Staaten, argumentierte in zahlreichen Schriften für die Vereinbarkeit von Glaube und Evolutionstheorie. Ernst Haeckel dagegen, Darwins wortgewaltiger Fürstreiter in Deutschland, führte einen erbitterten Kampf gegen Kirche und Religion. Auf der anderen Seite griff der Bischof von Wilberforce bereits 1860 die Evolutionstheorie als gottlos an (vgl. Kap. 1). Der anglikanische Geistliche John Brodie Innes dagegen, von 1846 bis 1869 Vikar der Gemeinde von Downe, zu der auch die Darwins gehörten, sah keine Schwierigkeit darin, beides miteinander zu vereinbaren. Er vertrat diese Auffassung in einem Brief, den er im August 1868 an Darwin schrieb (Corr 16, II, 710). Uns soll es im Folgenden jedoch ausschließlich darum gehen, welche Position Darwin in dieser Auseinandersetzung vertrat. Angesichts der heutigen Debatte, die sich erneut weit über die Grenzen der Wissenschaft ausgeweitet hat, bietet es sich an, drei Ebenen der Frage nacheinander zu behandeln: Erstens, wie sah Darwin das Verhältnis von Naturwissenschaft und Religion? Zweitens, wie das Verhältnis von seinem Familienleben und Religion? Und drittens, wie das von Öffentlichkeit und Religion?

Wenn wir zuerst die Frage beantworten wollen, in welcher Beziehung Glaube und Forschung standen, müssen wir mit dem jungen Darwin beginnen. Als Kind besuchte er eine Schule der Unitarier in Shrewsbury, deren Name sich von der Ablehnung der Dreifaltigkeitslehre durch die Anhänger dieser Glaubensgemeinschaft ableitete. Nur Gott – nicht Jesus oder dem Heiligen Geist – sprachen sie Göttlichkeit zu. Darwins Universitätsausbildung war ebenfalls religiös geprägt, insbesondere im konservativen Cambridge. In der englischen Universitätsstadt studierte er ab 1828 Theologie, nachdem er das Medizinstudium in Edinburgh abgebrochen hatte. Das dreijährige Studium umfasste auch die Naturwissenschaften, Darwin besuchte Vorlesungen in Geologie und Botanik. Als er 1836 von seiner Weltreise zurückkehrte, war noch offen, welchen Beruf der Siebenundzwanzigjährige ergreifen sollte. Seine Professoren in Cambridge hätten ihm zu diesem Zeitpunkt wohl eine Karriere als Geologe vorausgesagt. Sein Vater, dessen Hoffnung, sein Sohn würde wie er selbst Arzt werden, früh enttäuscht wurde, glaubte an eine Karriere als Gemeindepfarrer auf dem Land. Das Pfarramt anzutreten schien auch Darwin während der Reise lange Zeit die nahe liegendste

Zukunftsperspektive. Bald nach der Abfahrt fasste er zudem den Plan, eine große geologische Arbeit in Angriff zu nehmen. In den Briefen, die er von der Reise nach Hause schrieb, bezeichnete er sich ebenfalls als Geologe, ein Selbstverständnis, das zu einer Kirchenkarriere nicht im Widerspruch stand. Nach dem Vorbild des englischen »clergyman naturalist« hätte er im Amt naturwissenschaftliche Studien betreiben, geologische Exkursionen unternehmen und Sammlungen der lokalen Flora und Fauna anlegen können.[86]

Die Klammer, die in der ersten Hälfte des 19. Jahrhunderts das Studium der lebenden Natur und die christliche Religion zusammenhielt, war das *argument from design*. Die Argumentationsfigur, eine Art Gottesbeweis, hatte 1802 mit William Paley einen einflussreichen Vertreter gefunden, sein Buch *Natürliche Theologie* erschien in zahlreichen Auflagen und wurde auch ins Deutsche und Französische übersetzt. Paley argumentierte darin, dass die Körper von Menschen und Tieren mit Maschinen vergleichbar seien, Letztere sogar an Komplexität und Zweckmäßigkeit überträfen. Das Auge verglich Paley beispielsweise mit einem Teleskop, Atmungsorgane, Blutkreislauf, Gelenke, Muskelaufbau etc. mit hydraulischen Anlagen oder mechanischen Apparaten. Wie aber jede Maschine einen Ingenieur brauche, der sie entwerfe, verwiesen auch die Werke der Natur auf einen Schöpfer. Nach Ansicht von Paley war Gott dieser Ingenieur der organischen Welt.

Naturtheologische Schriften gehörten im 19. Jahrhundert zum Lehrstoff, 1830 etwa, während Darwin noch in Cambridge studierte, schrieb der Earl of Bridgewater, ein Geistlicher der anglikanischen Kirche, ein Preisgeld für die Erstellung einer Schriftenreihe »Über Gottes Macht, Weisheit und Güte wie sie sich in der Schöpfung offenbart« aus. Zu den Verfassern zählten unter anderem der Mathematiker Charles Babbage und der Philosoph

William Whewell. Auch Darwin notierte, als er auf seiner Weltumseglung am anderen Ende der Welt den australischen Ameisenlöwen erblickte, der mit der gleichen Fangtechnik seiner Beute auflauerte wie der europäische, ohne zu zögern, die eine »Hand des Schöpfers« gesehen zu haben; die naturtheologische Sicht schien ihm demnach ebenso selbstverständlich.

Die Verankerung des *argument from design* in der englischen Wissenschaftsphilosophie lockerte sich nicht, als er von seiner Weltreise zurückkehrte und ihm erste Zweifel kamen. Mitte der 1840er Jahre – Darwin schrieb inzwischen am zweiten Entwurf seiner Evolutionstheorie – veröffentlichte William Whewell, Professor in Cambridge, *Indications of the Creator*, ein Buch, in dem er noch einmal alle Belege zusammenfasste, die aus seiner Sicht für die absichtsvolle und zweckmäßige Einrichtung der Natur sprachen. Bezeichnenderweise antwortete Whewell damit auf das Erscheinen der *Natürlichen Geschichte der Schöpfung*, den Versuch also, das Entstehen von Tieren und Pflanzen mit einer Evolutionstheorie zu erklären (s. Abb. 5).[87] Der Zufall spielte der Auffassung der Naturtheologen zufolge in der Natur so gut wie keine Rolle. In der *Natürlichen Theologie* heißt es bei Paley dazu: »Was macht der Zufall für uns? Im menschlichen Körper, zum Beispiel, mag der Zufall, i. e. das ungerichtete Wirken von Ursachen, eine Warze, ein Muttermal, einen Pickel hervorbringen, aber niemals ein Auge.«[88]

Dem Zufall jedoch, dem Paley nicht mehr als die Entstehung von Warzen, Pickeln oder Muttermalen zutraute, wies Darwin zusammen mit der Auslese die Schlüsselfunktion bei der Entstehung des Neuen in der Evolutionsgeschichte zu. Wie wir gesehen haben, hatte er sich nach seiner Rückkehr von der Weltumseglung in den naturhistorischen Sammlungen der britischen Hauptstadt davon überzeugt, dass der Natur keine feste Ordnung zugrunde liege, sondern ein System von zufälligen Abweichungen. Die Unordnung, in die Londons überquellende Archive in der Folge des kolonialen Sammlungsfiebers gerieten, verstellte nicht den Blick auf die Natur, sie repräsentierte sie. Unordnung und Zufall gab Darwin 1837 in seinem ersten Evolutionsdiagramm Gestalt (s. Abb. 3).

Darwin ging danach noch weiter: Das Wirken des Zufalls entdeckte er nicht nur auf der Ebene der Ordnung der Natur, ihrer Klassifikation, sondern auch an jedem Individuum. Wie wir im Zusammenhang mit seinem Buch über die Orchideen, *Die verschiedenen Einrichtungen durch welche Orchideen von Insecten befruchtet werden*, gesehen haben, griff er Paleys Maschinenmetapher auf und stellte sie auf den Kopf: Er verglich Organismen mit aus »alten Rädern oder Federn« zusammengebauten Apparaten, der göttliche Ingenieur wurde von der bastelnden Natur abgelöst. In der organischen Welt konnte Darwin keine Perfektion erkennen, eine Entdeckung, die auch das menschliche Auge mit einschloss, das im *argument from design* als das vollendete Meisterwerk einer planvollen Schöpfung galt. In der zweiten Auflage der *Abstammung des Menschen* zitierte Darwin Hermann von Helmholtz, den berühmten deutschen Physiker und Physiologen, der über das Auge geurteilt hatte, dass er, »wenn ihm ein Optiker ein so nachlässig gearbeitetes Instrument verkaufte, sich vollständig berechtigt halten würde, es ihm zurückzugeben« (AM[6] II, 139). Helmholtz' Mängelliste war umfangreich, von Nachbildern bis zu Täuschungen in Farb- und Gestaltwahrnehmung. Argumentativ verhielt sich der Makel zur Evolutionstheorie wie die Makellosigkeit zum Schöpfergott. Niemand würde Gott für den Urheber eines mangelhaften Objekts halten. In der Perfektion offenbarte sich der Gott, im Fehler verriet sich die Natur. »Wir können nicht mehr argumentieren«, schrieb Darwin in seiner Autobiografie im Kapitel über seine »Religiöse Überzeugung«, »daß zum Beispiel ein so wundervoller Gegenstand wie eine zweischalige Muschel ebenso von einem intelligenten Wesen gemacht sein muß wie eine Türangel von Menschen. In der Variabilität organischer Wesen und in dem Vorgang natürlicher Selektion scheint uns nicht mehr Planung zu stecken als in der Richtung, aus der der Wind bläst.« (ML, 92)

Für Darwin gab es kein Phänomen im Naturreich, kein Tier und keine Pflanze, deren Form oder Geschichte zufriedenstellend durch die Annahme eines Schöpfergotts erklärt werden konnte. »Theologie und Wissenschaft sollten ihre eigenen Wege gehen«, schrieb er 1866 an eine Korrespondentin (Corr 14, 426). Wissenschaft und Religion wollte Darwin getrennt behandelt sehen, der Rückgriff auf den Glauben oder die Bibel lieferte keine wissenschaftlichen Erklärungen.

Wenn wir uns nun der zweiten Frage zuwenden, welche Rolle der Glaube in Darwins Familienleben spielte, müssen wir uns auf Überraschungen gefasst machen. Darwins Überzeugung, dass kein Gott die organische Natur geschaffen habe, sondern das Zusammenwirken von Variation und Auslese, wirkte sich auch auf seinen Glauben aus. Seine Frau hatte 1839 also recht mit der Beobachtung, dass er sich schrittweise von der Religion entfernte. Allerdings spielten in diesem Prozess auch Erfahrungen eine Rolle, die nicht mit seiner Forschung zu tun hatten. Im Jahr 1851 starb nach einer schweren Krankheit die zehnjährige Tochter Anne, ein Verlust, den Darwin, der sie bis zu ihrem Tod pflegte, kaum verkraftete. Als eine Korrespondentin ihn fünfzehn Jahre später fragte, ob das Prinzip der Natürlichen Auslese denn mit der christlichen Vorstellung eines gütigen Gottes vereinbar sei, antwortete er ihr: »Lassen Sie mich dazu bemerken, dass es mir immer befriedigender schien, das unendlich große Elend und Leid dieser Welt als unvermeidliches Ergebnis einer natürlichen Folge von Ereignissen [...] zu sehen, als sie den direkten Eingriffen von Gott zuzuschreiben [...].« (Corr 14, 426) Die Unvollkommenheit der Tier- und Pflanzenwelt war für Darwin weniger ein Anlass zur Trauer, er beschrieb sie anhand von Orchideen, Kletterpflanzen oder Regenwürmern sehr liebevoll. Tod und Krankheit dagegen, mit denen ihn der Verlust seiner Tochter konfrontierte, stürzten ihn in tiefe Nachdenklichkeit und zerrütteten seinen Glauben an einen wohlmeinenden Schöpfer.

Wie einige seiner Weggefährten bezeichnete sich auch Darwin als Agnostiker (ML 98), ein Begriff, den Thomas Henry Huxley 1889 einführte. Im Gegensatz zum Atheisten hält der Agnostiker die Frage, ob Gott existiert, für nicht beantwortbar. In der Philosophie hat diese Haltung eine lange Tradition. Platon berichtet bereits von dem Sophisten Protagoras, der im fünften Jahrhundert vor Christus erklärt haben soll: »Von den Göttern weiß ich nichts, weder dass es solche gibt, noch dass es keine gibt.«

Vor diesem Hintergrund ist es vielleicht erstaunlich zu hören, dass bei Darwins nichtsdestotrotz die Bibel gelesen wurde. In der Ausgabe, die Emma Darwin in die Familie eingebracht hatte und von der sich eine Kopie im Darwin Archiv in Cambridge befindet, können wir sowohl die handschriftlichen Notizen von Emma nachlesen als auch die von Charles. Gleichzeitig waren die Kinder der Familie, insbesondere Francis Darwin, der als siebtes Kind 1848 geboren wurde, in vielen Hinsichten in die evolutionstheoretischen Forschungen ihres Vaters eingespannt. Bibellektüre und Evolutionstheorie wurden offensichtlich auch in der Kindererziehung nicht als Widerspruch begriffen – und wenn doch, dann als einer, der als widersprüchliches Erbe von Vater und Mutter ausgehalten werden musste. Ob die Kinder mit ihrem Vater über Religion sprachen, wissen wir nicht. Durch die Familie ging aber nach Darwins Tod ein Riss, als Francis 1887 die autobiografischen Aufzeichnungen seines Vaters veröffentlichen wollte. Neben den bereits zitierten Stellen, in denen Darwin die Natürliche Theologie zurückweist und sich als Agnostiker bezeichnet, enthielt das Manuskript außerdem noch eine recht weitreichende Aussage zur christlichen Offenbarung. Darwin schrieb: »Ich kann nun wirklich nicht einsehen, warum sich jemand wünschen sollte, das Christentum sei wahr; wenn es nämlich wahr wäre, [...] würden alle Menschen, die nicht glauben, also mein Vater, mein Bruder und fast alle meine nächsten Freunde, ewig dafür büßen müssen. Und das ist eine verdammenswerte Doktrin.« (ML, 91f.)

Darwin hatte die Autobiografie zwischen Mai und August 1876 für seine Kinder geschrieben und keine Veröffentlichung geplant. Francis Darwin wollte die Aufzeichnungen seines Vaters ohne Kürzungen in dem Buch *The Life and Letters of Charles Darwin* publizieren. Emma und Henrietta, Francis' Schwester, lehnten dies ab und setzten sich mit ihren Streichungswünschen zunächst durch. Das Kapitel über Darwins religiöse Überzeugung wurde stark gekürzt, die vollständige Fassung erschien erst 1958, herausgegeben von Darwins Enkelin Nora Barlow. Während innerhalb der Familie Religion und Wissenschaft weitestgehend unproblematisch nebeneinander bestehen konnten, sich der Agnostiker Darwin und seine gläubige Frau mit Respekt begegneten, traten Schwierigkeiten dann auf, wenn die Frage aus dem Privatleben in die Öffentlichkeit getragen wurde.

Es bleibt also die dritte und letzte Frage, wie Darwin das Verhältnis von Religion und Öffentlichkeit sah. Verblüffend ist das Verhalten des englischen Forschers auch hier: Zu Hause wurde die Bibel gelesen, im Gemeindeleben von Downe übernahm Darwin eine aktive Rolle. Als der Vikar John Brodie Innes Ende der 1860er Jahre nach Schottland zog, kümmerte sich Darwin stellvertretend um die Konten der Kirche und um andere Aufgaben. Da sich die von Innes bestellten Nachfolger als unzuverlässig erwiesen – einer stahl Geld aus der Spendenkasse, ein zweiter wurde beschuldigt, jungen Mädchen nachzustellen –, fungierte Darwin als Mittler zwischen dem abwesenden Vikar und der Gemeinde. Am guten Ruf der Kirche war ihm offenkundig gelegen, und er investierte Zeit darauf, Schäden zu richten (Corr 16, xxviii).

Ob es in der Gemeinde Stimmen gab, wonach der Begründer der Evolutionstheorie nicht die richtige Person für diese Aufgabe sei, ist nicht überliefert; wir können es als Zeichen dafür deuten, dass wenig oder keine Bedenken angemeldet wurden. Was wir jedoch wissen, ist, dass sich immer wieder Leser an Darwin wendeten, die ihn zur Religion befragten. Wenn ihn Personen, die nicht dem engen Korrespondentennetz angehörten, dazu aufforderten, Stellung zu beziehen, reagierte er zumeist verhalten. Einer Dame, die ihn 1866 anschrieb, antwortete er: »Meine Meinung ist nicht mehr wert als die jedes anderen Mannes, der sich Gedanken über das Thema macht [...].« (Corr 14, 426) Einem Herrn, der ihn 1879 befragte, erklärte er am 7. Mai: »Was auch immer meine eigenen Ansichten sein sollten, ist eine Frage, die für niemanden Konsequenzen hat außer für mich selbst.«

Uns lassen diese Antworten – vielleicht auch seine Korrespondenten – ein wenig unbefriedigt zurück. Viele Fragen, die sich uns heute stellen, tauchten noch dazu im 19. Jahrhundert gar nicht auf. Über Genetik beispielsweise mussten sich im Viktorianischen England weder Forschung noch Kirche Gedanken machen.

Darwin zeigte keine Neigung, die Wissenschaft zu einer öffentlichen moralischen Instanz zu erklären. Damit unterschied er sich von Ernst Haeckel, der mit dem »Monismus« eine auf die Evolutionstheorie gegründete Weltanschauungslehre etablieren wollte und sich 1904 auf dem Freidenker-Kongress in Rom zum Gegenpapst ausrufen ließ. Es trennt Darwin auch von Wissenschaftlern wie Richard Dawkins, der Religion nicht nur aus der Forschung heraushalten möchte, sondern aus der gesamten Gesellschaft. Die Frage, wer für Leid und Elend in der Welt verantwortlich sei, ließ Darwin ratlos zurück. »Es würde mir große Befriedigung bereiten«, schrieb er der fremden Korrespondentin, »wenn ich ihre Fragen zufriedenstellend beantworten könnte.« (Corr 14, 426) Offenbar war er der Ansicht, dass es Dilemmata gebe, auf die Wissenschaftler ebenso wenig vorbereitet sind wie Gläubige oder Laien.

2. War Darwin Rassist?

Das Volk der Feuerländer, deren Land Darwin auf der Weltumseglung besuchte, war hundert Jahre später ausgelöscht, und vielleicht sollten wir uns versuchsweise vorstellen, dass an unserer Stelle Jemmy Button, ein etwa siebzehnjähriger Feuerländer den Reisebericht *Die Fahrt der Beagle* aufschlägt und liest. Darwins Erzählung würde Jemmy Button in den Dezember 1832 führen, den Moment, als das Schiff in die Bucht von Buen Suceso einläuft und die Mannschaft, den dreiundzwanzigjährigen Bordnaturalisten eingeschlossen, die ersten Feuerländer erblickt: »Es war ausnahmslos das merkwürdigste und interessanteste Schauspiel, dessen ich je ansichtig wurde: Ich hätte nie geglaubt, wie groß der Unterschied zwischen dem wilden und dem zivilisierten Menschen ist: Er ist größer als zwischen wildem und domestiziertem Tier insofern, als beim Menschen ein größeres Vermögen zur Besserung vorhanden ist.« (FB, 280)

Nach Darwins Schilderung saßen einige Feuerländer auf einer Felsenspitze, die über das Meer hinausragte, andere stürmten aus einem Waldstück hervor, sie sprangen auf, »schwenkten ihre abgerissenen Umhänge und stießen ein lautes, volltönendes Gebrüll aus«. Wenige Seiten weiter würde Jemmy Button lesen, wie sich die zu Hause gebliebenen Engländer das Volk der Feuerländer vorzustellen hätten: »Die Gruppe glich insgesamt den Teufeln, die in Stücken wie *Der Freischütz* auf die Bühne kommen.« (FB, 281)

Jemmy Button, laut Reisebericht »klein, dick und fett, aber eitel«, kannte England, die Engländer und auch Darwin, mit dem er seit Auslaufen der Beagle zwölf Monate auf dem Schiff verbracht hatte. Der Junge zählte zu einer Gruppe von vier Feuerländern, die Kapitän FitzRoy auf der ersten Fahrt an Bord genommen hatte, um sie in seiner Heimat auf eigene Kosten religiös erziehen und unterrichten zu lassen. Einer der vier, dem man den Namen Boat Memory gab, starb kurz nach der Ankunft in England an Pocken. Er war als Letzter von den Matrosen in Feuerland an Bord geholt worden; wie die anderen zuvor, hatte auch er sich gegen seine Gefangennahme verzweifelt gewehrt. FitzRoy hielt den Einsatz von körperlicher Gewalt für ein legitimes Mittel im Dienste des übergeordneten Ziels, diese Menschen, die er für Wilde hielt, umzuerziehen. »Bis ein wechselseitiges Verständnis hergestellt werden kann«, so FitzRoy in einem Brief, »ist die moralische Einschüchterung die einzige Handhabe, mit der man sie bei friedlicher Laune erhält.«[89]

Als Darwin 1831 zum ersten Mal an Bord der Beagle auf die drei Feuerländer traf, begegnete er ihnen, nachdem sie vierzehn Monate in England zugebracht hatten, europäische Kleidung trugen, mit Messer und Gabel aßen und ein wenig Englisch sprachen. FitzRoy befand, sie seien nun in der richtigen Verfassung, in ihr Heimatland zurückzukehren, und ein Jahr nachdem das Schiff ausgelaufen war, hatte man Feuerland erreicht. Jemmy Button hätte also bei Darwin auch etwas über sich selbst lesen können, als der Reisebericht 1839 und dann in zweiter Auflage 1845 erschien; dass er etwa um sein Äußeres besorgt gewesen sei, immer Handschuhe trug und in Verzweiflung geriet, wenn seine polierten Schuhe schmutzig wurden. Schließlich wäre der Junge auf folgende Stelle gestoßen: »Dennoch erscheint es mir, wenn ich an seine vielen guten Eigenschaften denke, ganz wunderbar, dass er derselben Rasse angehörte und zweifellos dasselbe Wesen hatte wie die elenden, erniedrigten Wilden, denen wir hier zuerst begegnet waren.« (FB, 284)

Beim Lesen dieser Zeilen wollte wohl niemand von uns in Jemmy Buttons Haut stecken. Der Junge starb 1864 in Feuerland, nach allem, was wir wissen, lernte er nie Lesen und Schreiben. Einen Unterschied macht es nicht: Jemmy Button und die Feuerländer spürten auf andere Weise, was Engländer von ihnen dachten.

Wir müssen noch einen Schritt weiter gehen: Darwins Schilderungen, die Art wie er über ein ganzes Volk urteilt, wecken ein Unbehagen, das sich noch steigern lässt. Der Politikwissenschaftler Dolf Sternberger hat in seinem zum Klassiker gewordenen Buch *Panorama oder Ansichten vom 19. Jahrhundert* den Auftritt der Feuerländer in Darwins Werk verfolgt: Nach dem Reisebericht tauchen sie vier Jahrzehnte später noch einmal in der *Abstammung des Menschen* auf, Darwin nennt sie dort »die niedersten Barbaren« (AM[6] I, 84). Er prophezeit ihnen keine lange Lebensdauer: »In irgend einer künftigen Zeit, welche nach Jahrhunderten gemessen nicht einmal sehr entfernt ist, werden die civilisirten Rassen der Menschheit beinahe mit Bestimmtheit auf der ganzen Erde die wilden Rassen ausgerottet und ersetzt haben.« (AM[6] I, 204) Wiederholt treten die Feuerländer als Beispiel für die tiefste Stufe des Menschseins auf, sie werden gegen die Größe Shakespeares oder Newtons ausgespielt, am Buchende sogar gegen einen Pavian, von dem Darwin die Anekdote erzählt, wie dieser einen Artgenossen gegen eine Hundemeute verteidigt habe. Von jenem, schreibt Darwin, würde er »ebenso gerne« abstammen wie von einem »Wilden«, dem niedrigsten Menschen also. Sternberger schließt: »Diese Verteilung der guten und bösen Genreszenen, der gerührten Bewunderung und des empörten Schauders, macht es jedermann leicht, sich mit dem Paviane zu befreunden, ohne auf die Macht und das Anrecht seines eigenen erhabenen Standpunktes verzichten zu müssen, der den des Feuerländers so tief unter sich läßt; und mit Befriedigung vermag er die Betrachtung des Panoramas zu beschließen, in welches er selber nun vollends mit eingefangen ist.«[90] Darwin, der Engländer, glaubt sich auf der höchsten Stufe des Menschseins, den Feuerländer auf der tiefsten.

Historiker (Sternberger ausgenommen) haben verschiedentlich versucht, Darwins Urteil über die Feuerländer zu entschärfen. Dabei wird unter anderem sein Alter ins Feld geführt, er war kaum über zwanzig, als er nach Feuerland fuhr, seine hitzige Reaktion sei die eines jugendlichen Gemüts gewesen. Noch häufiger wurde er vor dem Hintergrund seines Jahrhunderts entschuldigt. Abfällige oder rassistische Bemerkungen, so die Vorstellung, seien im kolonial geprägten viktorianischen England üblich gewesen und Darwin damit nicht mehr als ein Kind seiner Zeit. Wirklich einleuchten mag dieses Argument nicht, denn wenn wir Darwin heute lesen, weil er in seiner Zeit außergewöhnliche Gedanken hatte, wieso sollten wir nicht auch sonst Außergewöhnliches von ihm erwarten? An Überzeugungskraft verliert das Argument außerdem, wenn wir Darwins Äußerungen über die Feuerländer mit jenen über die schwarze Bevölkerung Südamerikas vergleichen. Der Unterschied ist verblüffend und lässt sich bereits im Reisebericht nachlesen. Berühmt ist etwa Darwins Urteil über die Sklaverei: »Es bringt das Blut in Wallung und lässt doch das Herz erbeben«, schreibt er in der *Fahrt der Beagle*, »dass wir Engländer und unsere amerikanischen Abkömmlinge mit ihrem prahlerischen Freiheitsgeschrei dessen schuldig waren und sind.« (FB, 650) Sklaverei im Allgemeinen abzulehnen war nicht ganz ungewöhnlich im 19. Jahrhundert, wir kommen noch darauf zurück. Darwin geht aber darüber hinaus. Wir finden in ihm einen sensiblen Beobachter, den auch aufgrund persönlicher Begegnungen beschäftigt, was die Sklaverei aus Menschen macht – aus schwarzen wie weißen. Als er im April 1832 eine Fähre im brasilianischen Inland nimmt, trifft er dort auf einen Schwarzen, die Situation führt zu Missverständnissen. Darwin redet laut und gestikuliert wild, um sich verständlich zu machen, sein Gegenüber glaubt, der Engländer wolle ihm ins Gesicht schlagen: »[...] auf der Stelle ließ er mit furchtsamem Blick und halb geschlossenen Augen die Hände sinken. Nie werde ich meine Empfindungen von Verblüffung, Abscheu und Scham vergessen, die mich beim Anblick eines großen, kräftigen Mannes überkamen, der sogar Angst hatte, einen Schlag abzuwehren, der, wie er meinte, gegen sein Gesicht gerichtet war. Dieser Mann war zu einer Erniedrigung abgerichtet worden, die tiefer steht als die Sklaverei des hilflosesten Tieres.« (FB, 55)

Darwin ist auch dann nicht bereit, an eine unbelastete Begegnung zu glauben, wenn sich diese scheinbar harmlos gestaltet. Er hätte, schreibt er am Ende der *Fahrt der Beagle*, die »abscheulichen Einzelheiten« der Sklaverei nicht erwähnt, wäre er nicht mehreren Menschen begegnet, die von der »Fröhlichkeit des Negers so geblendet waren, dass sie von der Sklaverei als einem erträglichen Übel sprachen«. Die Methode, sich selbst bei Sklaven nach ihren Lebensbedingungen zu erkundigen, hält Darwin für einen kategorischen Fehler. Denn »der Sklave muss wirklich dumm sein, der nicht die Möglichkeit berücksichtigt, dass seine Antwort seinem Herrn zu Ohren kommt« (FB, 649). Fassen wir es kurz: Die Literaturwissenschaft des 20. Jahrhunderts hat viel Mühe darauf verwendet, die Stereotypen des kolonialistischen Blicks herauszuarbeiten. Die Vorstellung von den »fröhlichen Kindern der Sonne«, die selbst in der Versklavung ihr glückliches Gemüt nicht ablegen, ist eines dieser Klischees. Darwin war sich dessen erstaunlich früh bewusst. Der Sklave muss sich seinem Herren fröhlich zeigen, um sein Überleben zu sichern. Es gibt kein ungezwungenes Zusammentreffen zwischen beiden, es bleibt nur die Maske der Sklaverei.

Was machen wir aus diesem Unterschied? – Auf der einen Seite die Feuerländer, die Darwin freimütig und wiederholt als »niedere Barbaren« bezeichnet, auf der anderen Seite die afrikanischstämmige Bevölkerung, die als Sklaven nach Südamerika verschleppt worden waren und die Darwin gegen rassistische Vorstellungen seiner Zeitgenossen verteidigte. In den einen erkennt er die Mitmenschen, in den anderen nur Wilde. Bei der unmenschlichen Behandlung der einen empfindet er Unrecht, angesichts des Umgangs mit den anderen nicht. Es stellt sich hier unweigerlich die Frage, ob und wie diese Urteile mit seiner Evolutionstheorie zusammenhängen. Gibt es bei Darwin ein Rassensystem, in das er Schwarze, Engländer, Feuerländer einordnet?

Mit Rassismus soll hier die Vorstellung bezeichnet werden, dass Menschen anhand von körperlichen Merkmalen in verschiedene Rassen unterteilt werden können und dass diese Merkmale mit geistigen Eigenschaften einhergehen, etwa höherer oder niederer Intelligenz oder Moral. Wenn wir einen Blick auf das 19. Jahrhundert werfen, zeigt sich, dass Anthropologen und Ethnologen eine Unzahl von Vorschlägen hervorgebracht haben, wie Menschen in unterschiedliche Rassen zu unterteilen seien; wenn es überhaupt zwischen diesen Systemen eine Übereinstimmung gibt, dann die, dass die Rasse, der sich der Forscher selbst zuordnete, jeweils als höchste eingestuft wurde. Je weiter die Abhandlungen zu diesem Thema wucherten, desto filigraner verästelte sich das System von angeblichen Rassetypen, jedem politischen Konflikt wurde bald ein Rassefundament eingezogen. Die Analyse eines französischen Anthropologen ergab etwa, dass Otto von Bismarcks Schädel, bis 1890 Reichskanzler im Deutschen Kaiserreich, eine ähnliche Form wie der eines Neandertalers habe, dessen Knochen in La Chapelle-aux-Saints gefunden worden waren. Bismarcks Außenpolitik belege diesen Befund: »Wenn Bismarck einen ähnlichen Schädel wie der Mensch von La Chapelle-aux-Saints hatte, dann deshalb, weil der eiserne Kanzler einen Atavismus aufwies, der die Mentalität der Vorzeit wiederbelebte, als die nackte Gewalt herrschte.«[91] Von Bismarcks Schädelform ließ sich also nach Ansicht des französischen Anthropologen auf dessen Charakter und Handlungen schließen.

Bei Darwin werden wir keine Überlegungen zu französischen, deutschen oder englischen Schädeln finden. Die beiden großen politischen Diskurse, die sein Werk durchziehen und die eng mit der Rasseforschung des 19. Jahrhunderts verbunden waren, sind Sklaverei und Kolonialismus. Diese seit dem 15. Jahrhundert schwelenden Konflikte des viktorianischen Zeitalters sollten wir uns kurz vergegenwärtigen: Darwins Anschauungen prägten sie nachhaltig, zum Teil war er familiär involviert. Sein Großvater Josiah Wedgwood etwa hatte sich der englischen Abolitionistenbewegung angeschlossen, die im ausgehenden 18. Jahrhundert die Abschaffung der Sklaverei forderte. Das Unternehmen Wedgwood, eine florierende Porzellanmanufaktur, produzierte beispielsweise 1787 die als Logo der Abolitionisten berühmt gewordene Gemme, die das Bild eines knienden, Ketten tragenden Sklaven zeigte, über dem ein Schriftzug fragte: »Am I not a man and brother?« In Amerika wurde die Gemme von Gegnern der Sklaverei als Verzierung von Armbändern, Haarspangen oder Schnupftabakdosen getragen. Formiert hatten sich die Gegner der Sklaverei nicht umsonst zuerst in England. Zwischen 1730 bis etwa 1800 – England stieg zur größten Kolonialmacht der Welt auf – dominierte das britische Königreich den Sklavenhandel und importierte weltweit die meisten Sklaven in ihre Kolonien. Im Jahr 1807 verbot England den Sklavenhandel, nicht ohne allerdings 1806 allein in die westindischen Kolonien noch 38 000 Sklaven aus Afrika zu bringen. Die fatalen Bedingungen auf den englischen Zuckerplantagen ließen die Mortalitätsrate auf fünfzig Prozent steigen. Während 180 Jahren Sklavenhandel waren zwei Millionen Afrikaner in die westindischen Kolonien verschleppt worden, die meisten blieben jedoch ohne Nachkommen, so dass 1834 nur noch 670 000 Sklaven in dem Gebiet lebten.[92] Trotz ständigen Nachschubs wuchs die Sklavenbevölkerung demnach nicht, sondern schrumpfte, was die Sklaverei schließlich unrentabel machte, ein ökonomischer Faktor, der zu ihrem Verbot beitrug. Im August 1833, während Darwin noch mit der Beagle unterwegs war, verabschiedete das Britische Parlament den »Slavery Abolition Act«, ein Gesetz, das auch den Besitz – nicht nur den Handel – von Sklaven für illegal erklärte. England gab also die Sklaverei gerade endgültig auf, als Darwin Südamerika bereiste, Brasilien schaffte sie erst 1888 ab. Schon bevor Darwin zu seiner Reise aufbrach, schloss er nähere Bekanntschaft mit einem entlaufenen Sklaven, der ihn in Edinburgh das Präparieren von Tieren gelehrt hatte. Auch in der Familie waren die Sklaverei und ihre Abschaffung ein Thema, persönlich kam Darwin häufiger mit Menschen in Kontakt, die unter dem System zu leiden hatten.

Die lokal rekrutierten Arbeitskräfte in den Minen oder auf Plantagen der europäischen Kolonien in Südostasien, Australien oder Südamerika trafen keine besseren Lebensbedingungen an als die Sklaven, trotzdem wurden sie von der Abolitionismusdebatte nicht erfasst. Im Zentrum der Kampagne um die Abschaffung der Sklaverei stand im 18. Jahrhundert die sogenannte »middle passage«, die Überfahrt über den Atlantik auf den Sklavenschiffen, in deren Verlauf die wie Frachtgut gelagerten Gefangenen zu Tausenden an Erschöpfung, Hunger oder Krankheiten starben und wie verdorbene Ware ins Meer gekippt wurden. Der englische Maler William Turner hielt 1840 eine solche Szene in dem häufig reproduzierten Gemälde »Slavers Throwing Overboard the Dead and Dying, Typhon Coming On«, das sich heute im Museum of Fine Arts in Boston befindet, fest. Da die Kritik an der Sklaverei sich vor allem an der »middle passage« festmachte, erfolgte ihr Verbot in zwei Schritten: Zuerst untersagte die englische Regierung den Handel mit Sklaven, wodurch der Export auf Frachtschiffen gestoppt wurde; erst danach wurde auch der Besitz von Sklaven widerrechtlich, in den englischen Kolonien 1834, in den französischen erst 1848.[93]

Dass auch mit der Kolonialisierung häufig ein Massensterben der einheimischen Bevölkerung einherging, war zwar bekannt, blieb aber juristisch folgenlos. In *Die Fahrt der Beagle* schreibt Darwin dazu: »Wo sich der Europäer auch hinwendet, scheint der Tod die Eingeborenen zu verfolgen. Wir können auf die großen Weiten Amerikas, Polynesiens, des Kaps der Guten Hoffnung und Australiens blicken und erhalten immer dasselbe Ergebnis. Aber es ist nicht allein der Weiße, der solchermaßen als Zerstörer auftritt; der Polynesier malaiischen Ursprung hat in Teilen des ostindischen Archipels den dunkelhäutigen Eingeborenen vor sich hergetrieben. Die Varietäten des Menschen scheinen genauso wie verschiedene Tierarten aufeinander einzuwirken – wobei der Stärkere stets den Schwächeren ausrottet.« (FB, 570) Worin in diesem Fall die Stärke oder Schwäche besteht, wusste er nicht zu sagen, im Reisebericht nennt er sie eine »rätselhafte Kraft«, in der *Abstammung des Menschen* heißt es später: »Von den Ursachen, welche zum Siege der civilisierten Nationen führen, sind einige sehr deutlich und einfach, andere complicirt und dunkel.« (AM[6] I, 239) Als mögliche Ursache führt er durch Europäer eingeschleppte Krankheiten an, eine Spekulation, die sich als richtig herausstellte. Heute wissen wir, dass die Einwohner Europas – der Kontinent mit der höchsten Dichte domestizierbarer Tiere – durch Sesshaftigkeit und das enge Zusammenleben mit Gebrauchstieren früh Resistenz gegen zahlreiche Viren ausbildeten. Für Völker, in deren Ländern dieselben Erreger nicht vorkamen, war deshalb der Kontakt mit den Europäern häufig tödlich.[94]

Darwins Erwägungen beantworten uns die Frage, ob er die Ansichten über rassische Unterscheidungen innerhalb der Gattung Mensch teilte. Er spricht von den »Varietäten des Menschen«, eine Bezeichnung, die er synonym mit »Rassen« verwendet, d. h., er hielt sie nicht für feststehende Einheiten der Natur, sondern für variabel und merkmalsoffen. Darwin vertrat also keinen biologischen Rassismus. In der *Abstammung des Menschen* schreibt er, dass die Urteile der Naturforscher, ob die Menschheit aus einer oder mehreren Arten oder Rassen bestünde, weit auseinander liegen. Die Ansichten reichten von zwei bis dreiundsechzig. Er ziehe daraus den Schluss, dass es bei den Menschenrassen »kaum möglich ist, scharfe Unterscheidungsmerkmale zwischen ihnen aufzufinden« (AM[6] I, 229). Daraus erschließt sich auch eine weitere Besonderheit von Darwins Buch über die *Abstammung des Menschen*: Es enthält keine einzige Abbildung von einem Menschen, gezeigt werden ausschließlich Tiere, von Käfern und Fischen bis zu Vögeln und Affen. An keiner Stelle versucht Darwin, Menschen anhand von Gesichts- oder Schädelformen zu unterscheiden, im Gegenteil, die nähere Betrachtung verschiedener Menschen führt bei ihm zu der Erkenntnis, dass sie einander ähnlich sind: »Diese allgemeine Aehnlichkeit zeigt sich deutlich in den französischen Photographien in der Collection anthropologique du Muséum von Menschen, die verschiedenen Rassen angehören, von welchen die größere Zahl (wie viele Leute, denen ich sie gezeigt habe, bemerkt haben) für Europäer gelten kann.« (AM[6] I, 219)

Darwin besaß eine umfangreiche Sammlung anthropologischer Abbildungen aus der *Collection anthropologique du Muséum*, die Menschen aus ganz verschiedenen Weltteilen zeigte. Sie dokumentierte für ihn die Einheit des Menschengeschlechts. Zwischen Individuen existierten deutliche Unterschiede, diese Differenzen ließen sich aber nicht mit der Kategorie Rasse systematisieren. Als

1872 *Der Ausdruck der Gemütsbewegungen beim Menschen und den Tieren* erschien, zeigte Darwin zum ersten und einzigen Mal Abbildungen von Menschen: Es waren ausschließlich weiße Europäer, bei den abgebildeten Tieren handelte es sich um Zoo- und Haustiere. Während Ernst Haeckel etwa in Deutschland für die Evolutionstheorie argumentierte, indem er die Einwohner Afrikas dem Gorilla gegenüberstellte, fand Darwin die größtmögliche Ähnlichkeit zwischen Mensch und Tier bei den Engländern und ihren Haustieren.

Wir können also festhalten, dass Darwin kein Rassist war, er glaubte nicht daran, dass Menschen anhand körperlicher Merkmale in ein Rassensystem unterteilt werden könnten.[95] In kultureller Hinsicht war er allerdings fest von der Überlegenheit der Engländer überzeugt, vor abfälligen Bemerkungen über die Feuerländer scheute er nicht zurück. Um zu besseren Menschen zu werden, hätten sie nach Darwin jedoch nicht den Kopf oder Schädel eines Engländers, sondern dessen Erziehung gebraucht. Noch im Dezember 1881, vier Monate vor seinem Tod, schickte er einen Scheck über zwei Schillinge nach Feuerland, wo er die Patenschaft für ein Kind übernommen hatte. Dass sich die Feuerländer in einer kaum besseren Lage befanden als die Sklaven, deren Schicksal Darwin sehr engagiert verfolgte, entging ihm. Auch sie waren gegen ihren Willen verschleppt und verschifft worden, ein Recht, das sich die Engländer herausnahmen, weil sie das Volk als minderwertig empfanden.

In der Unterscheidung von kulturellem und biologischem Rassismus liegt jedoch auch eine gewisse historische Spitzfindigkeit. Ein Buch, das sich mit der Evolutionstheorie beschäftigt, wird zwar vordringlich die Frage behandeln, ob bei Darwin eine Verbindung zwischen Rassismus und Evolutionstheorie besteht – es gibt sie nicht. Für Jemmy Button und sein Volk war es allerdings unerheblich, ob man sie nun als biologisch oder kulturell minderwertig betrachtete. Ihre Rechte nahm man ihnen so oder so. Mitte des 19. Jahrhunderts, als Darwin mit der H.M.S. Beagle an der Küste anlegte, lebten noch zwischen sieben- und neuntausend Feuerlandindianer. Die von den Missionaren eingeschleppten Krankheiten, die Landnahme, mit der das Volk der Selbstbestimmung beraubt und seiner Kultur die Grundlage entzogen wurde, führten schließlich dazu, dass die Feuerländer Mitte des zwanzigsten Jahrhunderts verschwunden waren. Im Jahr 1889, Darwin war sieben Jahre zuvor verstorben, wurde noch eine Gruppe im Londoner Royal Aquarium ausgestellt. Wieder waren es Engländer, die sich in langen Schlangen anstellten, um sich von der »Wildheit« dieser Menschen zu überzeugen. Gleich Jemmy Button, der als Kind aus seiner Heimat nach England entführt worden war, mussten sich die derart zur Schau Gestellten fragen, wie sie unter solche Barbaren geraten waren.

3. Ist Selektion ein Naturgesetz?

Wenn von Selektion als Naturgesetz die Rede ist, dann sind häufig zwei verschiedene Sachverhalte gemeint, die auseinandergehalten werden müssen. Einerseits kann der Begriff Naturgesetz eine beschreibende Bedeutung haben und jene Phänomene in der Natur bezeichnen, die wir mathematisch oder statistisch regelhaft fassen können. Die gängigen Beispiele dafür sind Aussagen wie die, dass alle Körper gravitieren, nichts sich schneller als das Licht bewegt, sich Druck und Temperatur in einem Gas zueinander proportional verhalten. Die Geschwindigkeit von fallenden Körpern und des Lichts oder Druck und Temperatur in einem Gas können wir errechnen. Dies erlaubt es uns, nicht nur rückblickend das Verhalten jener Gegenstände zu beschreiben, sondern es auch für die Zukunft vorherzusagen. Insbesondere die Ingenieurstechnik verlässt sich auf diese Regelhaftigkeit und ist auf der Grundlage von Gesetzeshypothesen in der Lage, Dampfmaschinen oder Flugzeuge zu bauen. Dies ist die eine Bedeutung von Naturgesetz.

Wenn wir den Begriff im Zusammenhang mit Selektion gebrauchen, stellt sich sofort noch eine zweite Bedeutung ein: Zu sagen, Selektion sei ein Naturgesetz, kann eine normative Färbung annehmen. Umgangssprachlich wird der Begriff häufig in diesem Sinne verwendet, als Naturgesetz bezeichnen wir beispielsweise menschliches Verhalten oder gesellschaftliche Zustände, die uns unveränderbar scheinen. Auch der Ökonom Thomas Robert Malthus, der in seinem *Essay on the Principle of Population* 1798 die Formulierung »struggle for existence« verwendete, wollte die von ihm aufgestellten Gesetze in diesem Sinne verstanden wissen. Wie wir im vorangegangenen Kapitel gesehen haben, war er der Überzeugung, dass die Bevölkerung schneller wachse als die Nahrungsmittelproduktion. Für das Bevölkerungswachstum nahm er eine exponentielle Rate an, das Wachstum der Nahrungsmittelproduktion beschrieb er dagegen als linear und begrenzt. Diese ungleichen Wachstumsraten würden durch Kriege, Krankheiten und Hungersnöte im Gleichgewicht gehalten, Verheerungen, die Malthus als notwendige, naturgegebene Einrichtungen betrachtete. Mehr noch: Er sprach ihnen geradezu Vorbildcharakter zu, an denen sich die Politik zu orientieren habe, welche in Friedenszeiten nicht darauf verfallen dürfe, die Armen zu unterstützen, weil dies zu einer Bevölkerungsexplosion führen müsse. Die Härte der Natur galt Malthus als Richtlinie für die Härte der Gesellschaft. Die Verbindung zwischen Verhalten und Gesetz ist dabei aber nicht eine einfache kausale Folge, sie ist nicht wie bei der Gravitation determiniert – ob Körper nach unten fallen und mit welcher Geschwindigkeit, steht ihnen nicht frei. Im Gegensatz dazu liegt die politische Gesetzgebung in unserem Ermessen. Malthus war aber davon überzeugt, dass die Natur Handlungsgesetze vorgebe, die, wenn wir uns über sie hinwegsetzten, einschneidende Folgen haben würden – in Malthus' Fall eine Bevölkerungsexplosion, die schließlich die gesamte Gesellschaft verhungern ließe. Die Verknüpfung von Gesetz und Verhalten ist dabei normativ, d. h., sie hat nicht ein »ist«, sondern ein »soll« zum Inhalt. Der Zwang, der ausgeübt wird, wenn wir in diesem Sinne Selektion als Naturgesetz bezeichnen, ist ein normativer, kein kausaler. Wir können also festhalten, dass der Begriff Naturgesetz mindestens doppeldeutig ist und je nach Kontext eine deskriptive oder normative Bedeutung annehmen kann.

Philosophen und Historiker haben dieses Bedeutungsspektrum gründlich analysiert und in seinen Wandlungen dargestellt.[96] Von den Wissenschaftshistorikern Lorraine Daston und Fernando Vidal wurde die Vorstellung, der zufolge es in der Natur Einrichtungen gebe, die bindenden Charakter für menschliches Handeln hätten, auf die prägnante Formel von der »moralischen Autorität der Natur« gebracht. Wie beide Autoren zeigen, hat sich diese Sicht in der Geschichte immer wieder verändert. Es gab sie nicht zu allen Zeiten und sie wurde unterschiedlich ausgelegt. Uns soll es hier genügen festzuhalten, dass die normative Bedeutung von Naturgesetzlichkeit seit dem 19. Jahrhundert besonders viele Anhänger hinzugewonnen hat. Während bis ins 18. Jahrhundert hinein der Glaube vorherrschte, Gott habe die Welt eingerichtet und gesellschaftliche Zustände müssten als gottgewollt betrachtet werden, setzte sich danach die Vorstellung durch, dass die Natur die Ordnung vorgebe. Im Zuge dessen galt es zu erörtern, ob etwas »natürlich« oder »unnatürlich« sei, wobei das erste Attribut synonym für »gut«, das zweite für »schlecht« stand.

In diesem historischen Prozess spielt die Evolutionstheorie, insbesondere das Phänomen der Selektion, eine entscheidende Rolle. Das war auch Zeitgenossen von Darwin aufgefallen, etwa dem Philosophen, Unternehmer und Politiker Friedrich Engels, der in einer berühmt gewordenen Briefpassage die sozialdarwinistische Auslegung der Evolutionstheorie wie folgt kritisierte:

»Die ganze darwinistische Lehre vom Kampf ums Dasein ist einfach die Übertragung der Hobbesschen Lehre vom bellum omnium contra omnes und der bürgerlich-ökonomischen von der Konkurrenz, nebst der Malthusschen Bevölkerungstheorie, aus der Gesellschaft in die belebte Natur. Nachdem man dies Kunststück fertiggebracht [...], so rücküberträgt man dieselben Theorien aus der organischen Natur wieder in die Geschichte und behauptet nun, man habe ihre Gültigkeit als ewige Gesetze der menschlichen Gesellschaft nachgewiesen.«[97]

Engels beschreibt hier, wie die Formulierung »Kampf ums Dasein« mehrfach die Sphären wechselt, zwischen Staatstheorie, Naturgeschichte und Ökonomie hin- und herwandert. Im Verlauf dieser Verschiebungen beginnt der Begriff von Naturgesetzlichkeit zu oszillieren, es vermengen sich deskriptive und normative Ebenen. Was als »ewiges Gesetz der menschlichen Gesellschaft« ausgegeben wird, ist aber keineswegs so unumstößlich wie die Feststellung, dass Gegenstände natürlicherweise nun einmal von oben nach unten fallen. Folgt daraus, dass Selektion kein Naturgesetz ist?

Die Frage, was Naturgesetzlichkeit innerhalb der Evolutionstheorie bedeuten kann, hat auch Darwin beschäftigt, und wir können die vielleicht verblüffende Antwort bei ihm finden. In der *Entstehung der Arten* führt er die Auseinandersetzung damit sehr anschaulich ein, indem er sie an einer Abbildung entwickelt, dem Evolutionsdiagramm (s. Abb. 7). Als ob der Betrachter dem Prozess der Evolution im Diagramm gleichsam zusehen könnte, kündigt er die Abbildung im Buch wie folgt an: »Die wahrscheinlichen Folgen der Wirkung der natürlichen Zuchtwahl auf die Abkömmlinge gemeinsamer Eltern durch Divergenz der Charactere und durch Aussterben.« Im nächsten Absatz lädt er seine Leser zum Betrachten der Tafel mit der Formulierung ein: »Wir wollen nun zusehen, wie dieses Princip [der Varietät] [...] in Verbindung mit den Principien der natürlichen Zuchtwahl und des Aussterbens wirkt.« (EA⁶, 137)

Das Diagramm stellt uns nun die Eigenschaften der Theorie vor Augen, die Darwins Verhältnis zur Gesetzmäßigkeit charakterisieren und bei den Zeitgenossen einiges Unbehagen hervorriefen. Es lohnt sich, einen genaueren Blick darauf zu werfen: Das Bild beginnt am unteren Rand mit einer durchbuchstabierten Punktleiste, deren Markierungen A bis L unterschiedlich weit voneinander entfernt sind. Die Nähe und Entfernung der Punkte untereinander markiert die Ähnlichkeiten der Arten A bis L, die sich in verschiedenen Graden gleichen. Stückchenweise bildet Darwin den Prozess der Evolution nach: Mit nur wenigen Veränderungen staffelt er die kleinste Einheit der Evolutionsgeschichte, die er sich bereits in sein Notizbuch notiert hatte (s. Abb. 3), zum Panorama. Jeder Punkt streut dabei fächerförmig Linien aus, die das Variieren der Arten anzeigen. Die Varietäten mit Merkmalen, die sich als vorteilhaft erweisen, wiederholen den Prozess, die Spur der anderen reißt ab. In einigen Fällen führt eine Art ihre Geschichte in gerader Linie fort, meistens verzweigt sie sich in verschiedene Richtungen. Bereits auf der ersten Wegetappe, zwischen den beiden ersten Horizontalen, vollzieht sich damit das Ineinandergreifen von Selektion und Variation; entlang des Zeitstrahls der y-Achse hinterlassen sie als Spur die Zickzacklinie der Evolution. Mit jeder Abzweigung wird dabei in das Gleichgewicht des Naturhaushalts eingegriffen. Etappe für Etappe weichen die Arten infolge der Variation nicht nur von ihrer Elterngeneration ab, sondern ragen in die Nische einer Nachbarart. Die Varietät vermehrt sich auf Kosten der nächststehenden Art. »[...] die Concurrenz zwischen den verwandtesten Formen«, erklärt Darwin, »welche nahezu denselben Platz im Haushalte der Natur ausfüllen, [ist] am heftigsten [...]« (EA⁶, 97). Die Linie der Varietäten von B endet dort, wo die Linie von A auslädt. In allen folgenden Stufen wird sich dieser Prozess der Variation, Selektion und Auslöschung der benachbarten Arten wiederholen und sich zum Evolutionsgeschehen zusammensetzen.

In dem abgebildeten Diagramm aus der *Entstehung der Arten* zeigte Darwin Evolution als ein irreguläres, sich verzweigendes Liniengestrüpp, eine Form, der eine bewusste Setzung zugrunde lag. Im Buch kommentierte er gegenüber seinen Lesern das Diagramm mit den Worten, die er nach dem ersten erklärenden Paragraphen einschob: »Doch muß ich hier bemerken, daß ich nicht der Meinung bin, daß der Proceß jemals so regelmäßig und beständig vor sich gehe, wie er im Schema dargestellt ist, obwohl er auch da schon etwas unregelmäßig scheint.« (EA[6], 139) Darwin hätte sich also das Diagramm noch unordentlicher gewünscht, so wie wir es im Rückblick in seinen handschriftlichen Notizbuchaufzeichnungen finden.

Der Grund dafür, dass Evolution keine gerade Straße entlangführt, liegt in der Zufälligkeit der Variation. Selektion kann nur dort greifen, wo Variation für Unterschiede sorgt. Mit einem berüchtigten Scherz nannte der Astronom John Herschel Darwins Theorie das »law of the higgledy-piggledy« – das Gesetz vom Drunter und Drüber (Corr 7, 423). Damit wollte er sagen, dass er Variation und Selektion nicht für Gesetze der Artenbildung hielt. Geschult an den mathematisch fassbaren Gesetzen der anorganischen Natur schien dem Astronomen eine Unordnung produzierende Evolution keine zufriedenstellende Antwort.

Wie wir gesehen haben, hatte Darwin noch keine Theorie zu der Frage, wodurch Variation produziert wird. Warum einige Merkmale vererbt werden und andere nicht, konnte er nicht erklären. »Für diese Verschiedenheit läßt sich kein Grund anführen«, hatte er 1868 in *Das Variieren der Tiere und Pflanzen* geschrieben und danach das Thema ruhen lassen.

In den hundertfünfzig Jahren seit Darwin ist diese Frage eingehend erforscht worden. Die moderne Genetik nennt als Gründe Mutation und Rekombination, also sprunghafte Veränderungen im Genotyp oder die Neukombination der Gene bei sich sexuell fortpflanzenden Organismen. Der Zufall wurde damit aber nicht aus der Vererbung gestrichen: Wann Gene mutieren oder wie Gene in der Vererbung kombiniert werden, wird nach wie vor als zufällig betrachtet. Einschränkend sei an dieser Stelle hinzugefügt, dass Evolution nicht beliebige Wege einschlagen kann, da der Variation gewisse Grenzen gesetzt sind. Die Biologie spricht von »developmental constraints«. Da es allerdings unmöglich ist, diese Grenzen genau festzulegen, dauern die Auseinandersetzungen darüber, wie groß die Rolle von Zufall bzw. Notwendigkeit in der Natur ist, bis heute an. Dass Zufall aber überhaupt ein Faktor ist, lässt sich nicht bestreiten. Darwin zieht daraus in der *Entstehung der Arten* den folgenden Schluss: »Ich glaube an kein festes Entwickelungsgesetz [...].« (EA⁶, 400) Evolution ist kein regelhafter Prozess, und nehmen wir Darwin beim Wort, dann verneint er die Frage, ob Selektion ein Naturgesetz sei. Das Zitat betrifft jene Bedeutung des Begriffs »Naturgesetz«, die wir als »beschreibend« bezeichnet haben: Verstehen wir Naturgesetz als eine Regel, die mathematisch oder statistisch gefasst werden kann, dann fällt weder Variation noch Selektion darunter. Wie ein Tier sich von seiner Elterngeneration unterscheidet und aufgrund welcher Merkmale es selektiert wird, vermag niemand vorauszusagen.

Wenn wir also schon bei Darwin eine Antwort darauf finden, so war es doch Ernst Mayr, der große Evolutionsbiologe des 20. Jahrhunderts, der sich am gründlichsten mit der Frage auseinandersetzte, inwiefern die Evolutionsbiologie Naturgesetze aufzuweisen in der Lage sei. Ähnlich wie Darwin, über dessen Theorie Herschel gescherzt hatte, musste sich auch Mayr im 20. Jahrhundert den Vorwurf des Physikers Ernest Rutherford gefallen lassen, Biologie sei im Gegensatz zu den mathematischen Wissenschaften »dirty science«.[98]

Ernst Mayr formulierte darauf eine eigene Replik: die Eigenständigkeit der Biologie als Wissenschaft. Nach Mayr unterscheiden sich biologische Systeme grundsätzlich von allen nicht belebten Systemen, so dass die Rede von Naturgesetzen zwangsläufig eine andere Bedeutung annehmen muss. Das liegt zum einen an der großen Zahl von Wechselwirkungen, durch welche die Evolution bestimmt wird. Innerhalb einer einzigen Population können Organismen mit den gleichen erblichen Anlagen vollkommen unterschiedlich auf Umweltbedingungen reagieren. Auch die Veränderungen der Umwelt, das Sinken oder Steigen von Temperaturen mit allen Folgen etwa, lassen sich nicht voraussagen; ob neue Fressfeinde oder Konkurrenten in eine Nische des Naturhaushalts einwandern, weiß ebenso wenig jemand zu prognostizieren. Noch dazu ereignen sich in der Erdgeschichte immer wieder tief greifende Umwälzungen, die zum massenhaften Aussterben führen können, etwa Kometenhagel oder Temperaturumschwünge. In solchen Fällen hängt das Überleben häufig vom Zufall ab. Da Evolution also von Faktoren bestimmt wird, die sich im Einzelnen nicht vorhersagen lassen, können Wissenschaftler wenig dazu sagen, mit welchen entwicklungsgeschichtlichen Veränderungen in Zukunft zu rechnen ist. Selbst wenn wir sämtliche Umweltfaktoren kennen würden (was in der Praxis unmöglich ist), wären wir noch immer nicht weiter. Zum einen, weil die Komplexität der Evolution als ein dynamisches System von Wechselwirkungen zu groß ist; zum anderen, weil der Faktor Zufall Teil der Evolution ist.

Mit Blick auf das Verhältnis zur Physik spricht Ernst Mayr vom Dualismus der Lebewesen. Denn auf der einen Seite besteht natürlich jeder Organismus aus Materie, die den Gesetzen der Physik und Chemie gehorchen, auf der anderen Seite unterliegt jeder Organismus historischen Prozessen, seien es die Wechselwirkungen während der Ontogenese, der Individualentwicklung, oder während der Phylogenese, der stammesgeschichtlichen Entwicklung. Um diese Prozesse zu beschreiben, gibt es keine Universalgesetze, sondern nur das, was Ernst Mayr »historical narratives« – historische Schilderung – genannt hat. Die Biologie bezeichnet er aus diesem Grund als historische Wissenschaft. Wie Historiker müssen auch Evolutionsbiologen Indizien aus der Geschichte zusammentragen, zu einem Szenario zusammensetzen und schließlich prüfen, welche Erklärung am plausibelsten mit der vorliegenden Information übereinstimmt. Thomas Henry Huxley, Darwins enger Verbündeter, nannte dieses Verfahren in dem berühmt gewordenen Essay *On the Method of Zadig* von 1881 »retrospective prophecy«: Der Forscher müsse dabei die Fähigkeit ausbilden »zu sehen, was für den natürlichen Augensinn des Sehers nicht sichtbar« sei. In den physikalischen Wissenschaften wird diese Methode nur in einigen Zweigen angewandt, in der Kosmologie und der Geologie. In der Evolutionsbiologie ist die historische Methode jedoch die angemessene und grundlegende Herangehensweise. Wie die historischen Wissenschaften verfügt sie über keine Natur- oder Universalgesetze, um historische Abläufe zu beschreiben.

Natürliche Selektion, die zusammen mit Variation Evolution antreibt, kann also nicht vorausgesagt werden, sie unterliegt in Teilen dem Zufall, und es gibt kein Experiment, das sie reproduzieren könnte. Es ist uns aus offensichtlichen Gründen unmöglich, das Aussterben der Dinosaurier oder den Landgang der Wassertiere in einem Versuch nachzustellen. Evolutionäre Zeiträume sind zu groß, um beobachtet zu werden; sie überschreiten sowohl die experimentelle Beobachtungszeit als auch die Lebenszeit der Betrachter. Ein Experiment, das den Prozess im Zeitraffer auf Reagenzglasgröße zusammenschrumpfen ließe, existiert nicht. In jeder dieser Hinsichten unterscheidet sich die Evolutionsbiologie von der Art des Forschens in den physikalischen Wissenschaften. »Evolution«, schrieb der berühmte Paläontologe Stephen Jay Gould, »ist eine unvermeidliche Folgerung, nicht eine nackte Tatsache.«[99]

Mit Blick auf die natürliche Selektion gibt es unter Evolutionstheoretikern heute keinen Dissens darüber, dass diese, zusammen mit der Variation, die Evolution antreibt. In den hundertfünfzig Jahren seit Darwin ist keine Theorie aufgetaucht, welche die betreffenden Phänomene umfangreicher erklären könnte als die Evolutionstheorie. Auf welcher Ebene allerdings die Selektion greift und wer wann selektiert, darüber wird in der Wissenschaft heftig gestritten. Werfen wir also zum Abschluss noch einen kurzen Blick auf das 1976 zuerst erschienene Buch *Das egoistische Gen* und die Schwierigkeiten, die im Zuge der Debatte um Richard Dawkins' berühmt gewordene Definition von Selektion aufgeworfen worden sind.

In *Das egoistische Gen* stellte der englische Zoologe Richard Dawkins die These auf, dass die Selektionsebene das Genom sei. Das Genom, so Dawkins, sei darauf programmiert, sich zu vervielfältigen – er spricht von Molekülen als Replikatoren –, die Organismen seien also nur ein Gehäuse, ein Vehikel, um dieses Programm auszuführen. »Ein Affe«, schreibt Dawkins, »ist eine Maschine, die für den Fortbestand von Genen auf Bäumen sorgt, ein Fisch ist eine Maschine, die Gene im Wasser fortbestehen lässt.«[100] Dawkins spricht im Folgenden immer wieder von Überlebensmaschinen, womit er sowohl Tiere als auch Pflanzen meint. Aus seinen Metaphern werden wir das Echo des 19. Jahrhunderts heraushören, die Rede von einer bis an die Zähne bewaffneten Natur. Dawkins nennt es den »schonungslosen Kampf darum, andere Überlebensmaschinen zu fressen und zu verhindern, selbst gefressen zu werden«[101]. Sich Tiere als programmierte Maschinen vorzustellen legt ein deterministisches Naturbild zugrunde, in dem das Verhalten nicht frei ist, sondern in der Ausführung eines Zwangs besteht. Nach Dawkins gehorcht es allein dem Selbsterhaltungsprinzip, dem sogenannten Egoismus der Gene. »Die natürliche Auslese«, so Dawkins, »begünstigt Gene, die ihre Überlebensmaschine so steuern, dass sie den besten Nutzen aus ihrer Umwelt ziehen.«[102]

Dawkins hat eine Reihe von Metaphern in die Biologie eingeführt, die aus Mathematik und Technik kommen: Programm, Steuerung, Maschine. Allerdings muss er einräumen, dass es Phänomene gibt, die sich nicht der von ihm aufgestellten Regel unterzuordnen scheinen. Eines der bekanntesten Beispiele ist der Blauhäher, der Alarmrufe ausstößt, wenn sich ein Rotschwanzbussard zeigt, um seine Artgenossen zu warnen. Für ihn selbst steigt damit das Risiko, Opfer zu werden, für den Rest der Gemeinschaft sinkt es. Das Gleiche gilt für zahlreiche soziale Insekten, die sich bei Angriffen für ihre Kolonie oder Königin opfern. Dawkins will diesen Verhaltensweisen jedoch ebenfalls die Steuerung durch egoistische Gene ablesen: Die Hülle, das Tier also wird geopfert, um den Genotyp zu erhalten – wofür allerdings Bedingung ist, dass solche Verhaltensweisen nur unter eng verwandten Tieren auftreten, die sich genetisch sehr ähnlich sind. Schauen wir uns also an, wie Dawkins Fälle von Adoptionen beschreibt, in denen Tiere artfremde Organismen adoptieren: »In der Mehrzahl der Fälle«, heißt es in *Das egoistische Gen*, «sollten wir die Adoption, so rührend sie auch zu sein scheint, als Fehlanwendung einer eingebauten Regel betrachten. Das edelmütige Weibchen tut seinen eigenen Genen keinen Gefallen damit, daß es sich um das verwaiste Junge kümmert. Es verschwendet Zeit und Energie, die es in das Leben seiner eigenen Verwandten, insbesondere zukünftiger eigener Nachkommen, investieren könnte.«[103]

Dawkins verwendet den Begriff der Regel im doppelten Sinn von Naturgesetz: deskriptiv und normativ. Wenn er den Regelbruch – ein Weibchen, das ein artfremdes Tier adoptiert – einen Fehler nennt, versteht er darunter zum einen eine Art mechanischen Schaden an der »Überlebensmaschine« Tier, dessen Verhalten außer Kontrolle gerät. Zum anderen gebraucht er »Regel« aber offenbar auch im Sinne eines normativen Gesetzes und behandelt damit den Fehler als Verstoß, wenn er davon spricht, dass sich das Weibchen mit diesem Verhalten »keinen Gefallen« tue und Energie verschwende. Das Affenweibchen muss nicht das adoptierte Tier aufgeben, aber es sollte. Wie Malthus versucht auch Dawkins, Gesetze aus der Natur abzuleiten, die er gleichzeitig als normativ bindend für Handlungen betrachtet.

Im Gegenzug haben Forscher andere Erklärungsmodelle aufgestellt, Stephen Jay Gould etwa oder auch der holländische Primatologe Frans de Waal.[104] In *Der Affe und der Sushimeister* schildert de Waal ebenfalls eine artübergreifende Adoption, den Fall von drei Tigerjungen, die eine Hundemutter in einem thailändischen Zoo großzog. De Waal – wie auch schon Darwin (vgl. Kap. 3) – geht davon aus, dass soziales Verhalten in der Evolutionsgeschichte belohnt worden ist, sprich einen Überlebensvorteil bietet. Darüber hinaus weist er dem Verhalten noch größere Spielräume zu. Mit Blick auf die Tigerjunge säugende Hündin schreibt er:

»Die ursprüngliche Funktion der mütterlichen Fürsorge besteht offensichtlich darin, die eigenen Nachkommen großzuziehen, doch die Motivation, jemandem diese Fürsorge zukommen zu lassen, reicht über diese Funktion hinaus. Die Motivation wurde stark und flexibel genug, um sich auch auf die Jungen anderer Tiere zu erstrecken, selbst die einer anderen Spezies, unabhängig davon, was die Mutter davon hat. Motive nehmen häufig ein Eigenleben an. Infolgedessen entsprechen sie nicht immer den herrschenden Metaphern der biologischen Wissenschaft, die einen erbarmungslosen Konkurrenzkampf betonen.«[105]

De Waal sieht also Vielfalt und Varianz in tierischem Verhalten, Dawkins dagegen Determinismus und Regel. Die Verhaltensforschung der letzten zwanzig Jahre hat über die Frage von Altruismus und Egoismus hinaus einige Überraschungen zutage gefördert und damit das Repertoire, wie Tiere ihr Überleben bewerkstelligen, stetig erweitert. Vögel, so konnte nachgewiesen werden, gebrauchen Werkzeuge, einige Affenpopulationen waschen das Futter, das sie zu sich nehmen, vor dem Verzehr.[106] Solche Phänomene stützen Ernst Mayrs These von der Komplexität biologischer Systeme. Populationen scheinen auch auf der Ebene des Verhaltens im wörtlichen Sinne unberechenbar auf Situationen zu reagieren. Wenn biologische Systeme sich aber nicht in Form von Gesetzen beschreiben lassen, folgt daraus auch, dass wir keine normativen Gesetze aus ihnen ableiten können. An welches Tier, welche Art oder Population sollten wir uns halten? Die Debatte darum, ob Biologie eine eigenständige Wissenschaft ist oder sich doch auf physikalische Gesetze reduzieren lässt, dauert bis heute an.[107] Halten wir fest, dass Darwin nicht daran glaubte, die Entwicklung des Lebens lasse sich auf ein invariables Gesetz zurückführen.

Anhang

Anmerkungen

1 Edward J. Larson: »Summer for the gods. The scopes trial and America's continuing debate over science«, New York 1997.
2 Eigene Übersetzung J. V. Im englischen Original: »There is grandeur in this view of life, with its several powers, having been originally breathed into a few forms or into one; [...]«. Die erste deutsche Übersetzung wurde nach der zweiten englischen Auflage vorgenommen, in der dieser Passus bereits von Darwin umgeschrieben worden war.
3 Zu Darwins Porträts Janet Browne: »›I could have retched all night‹. Charles Darwin and his body.«, in: Christopher Lawrence/Stephen Shapin (Hg.): Science incarnate: Historical embodiments of natural knowledge, Chicago 1998, S. 240-287; sowie Julia Voss: »›Darwin oder Moses? Funktion und Bedeutung von Charles Darwins Porträt im 19. Jahrhundert«, in: Zeitschrift für Geschichte der Wissenschaften, Technik und Medizin, Jg. 16, Nr. 2, 2008, S. 213-243.
4 Janet Browne: »Darwin in caricature. A study in the popularisation and dissemination of evolution«, in: Proceedings of the American Philosophical Society, Jg. 145, Nr. 4, 2001, S. 496-509.
5 Voss: »Darwin ...«, S. 232-237.
6 Kurt Bayertz: »Darwinismus als Politik. Zur Genese des Sozialdarwinismus in Deutschland 1860-1900«, in: Stapfia Bd. 56 (Kataloge des Oberösterreichischen Landesmuseums), Neue Folge Nr. 131, 1998, S. 229-288; sowie Hans-Jörg Rheinberger: »Die Politik der Evolution«, in: Ernst Peter Fischer/Klaus Wiegandt (Hg.): Evolution und Zukunft des Lebens, Frankfurt/M. 2003, S. 178-197.
7 Richard B. Freeman/Peter J. Gautrey: »Charles Darwin's queries about expression«, in: Bulletin of the British Museum (Natural History), Historical Series, Jg. 4, Nr. 1, 1975, S. 205-219.
8 Janet Browne: »Charles Darwin. The power of place«, New York 2002, S. 12.

9 Francis Darwin (Hg.): »The life and letters of Charles Darwin«, Bd. 1, London 1887, S. 155. Eigene Übersetzung, J.V.
10 Browne: »Darwin ...«, S. 84. Eigene Übersetzung, J.V.
11 Ebd., S. 103f.
12 Ebd., S. 122. Eigene Übersetzung, J.V.
13 Thomas Kuhn: »Die Struktur wissenschaftlicher Revolutionen«, Frankfurt/M. 1997 [1970].
14 Browne: »Darwin ...«, S. 439. Eigene Übersetzung, J.V.
15 Alfred Dove: »Was macht Darwin populär?«, in: Das Ausland, Jg. 44, Nr. 34, S. 813-815.
16 Michael Hagner/Hans-Jörg Rheinberger: »Die Experimentalisierung des Lebens«, Berlin 1993; sowie Lorraine Daston/Peter Galison: »Objektivität«, Frankfurt/M. 2007.
17 Eve-Marie Engels: »Darwin«, München 2007, S. 60.
18 Aristoteles: »Die Lehrschriften, Tierkunde«, Bd. 13, hrsg., übertr. und in ihrer Entstehung erl. von Paul Gohlke, 2. Aufl., Paderborn 1957, S. 324.
19 Giulio Barsanti: »La scala, la mappa, l'albero«, Florenz 1992.
20 Jean-Baptiste Lamarck: »Zoologische Philosophie«, Bd. 1, Leipzig 1990, S. 186.
21 Dov Ospovat: »The development of Darwin's theory. Natural history, natural theology, and natural selection, 1838-1859«, Cambridge 1981; Wolfgang Lefèvre: »Die Entstehung der biologischen Evolutionstheorie«, Frankfurt/M. 2008.
22 Robert J. Richards: »The meaning of evolution. The morphological construction and ideological resconstruction of Darwin's theory«, Chicago 1992; Nick Hopwood: »Pictures of evolution and charges of fraud. Ernst Haeckel's embryological illustrations«, in: Isis, Jg. 97, Nr. 2, S. 260-301. Eigene Übersetzung, J.V.
23 Martin Barry: »On the Unity of Structure in the Animal Kingdom«, in: Edinburgh New Philosophical Journal, Jg. 22, 1836/7, S. 116-141; S. 354-364, Zitat S. 121. Barrys Hervorhebung, eigene Übersetzung J.V.
24 James Secord: »Victorian sensation. The extraordinary publication, reception, and secret authorship of ›Vestiges of the natural history of creation‹«, Chicago 2000.
25 Robert Chambers: »Natürliche Geschichte der Schöpfung des Weltalls, der Erde und der auf ihr befindlichen Organismen, begründet auf

die durch die Wissenschaft errungenen Thatsachen«. Aus dem Englischen nach der sechsten Auflage von Carl Vogt, Braunschweig 1851, S. 156 und 172.

26 Frank Sulloway: »Darwin and his finches. The evolution of a legend«, in: Journal of the History of Biology, Jg. 15, Nr. 1, 1982, S. 1-53; ders.: »Darwin's conversion: the Beagle voyage and its aftermath«, in: Journal of the History of Biology, Jg. 15, Nr. 3, 1982, S. 325-96; ders.: »The Beagle collections of Darwin's finches (Geospizinae)«, in: Bulletin of the British Museum (Natural History), Zoology Series, Jg. 43, Nr. 2, S. 49-94; Steinheimer, Frank: »Charles Darwin's bird collection and ornithological knowledge during the voyage of the H. M. S. ›Beagle‹, 1831-1836«, in: Journal of Ornithology, Bd. 145, Nr. 4, S. 300-320; appendix S. 1-40.

27 Zitiert nach der deutschen Übersetzung von Ilse Jahn: »Dem Leben auf der Spur. Die biologischen Forschungen Alexander von Humboldts«, Leipzig 1969, S. 185.

28 Duncan M. Porter: »The Beagle Collector and His Collection«, in: David Kohn (Hg.): »The Darwinian Heritage«, Princeton 1985, S. 973-1019.

29 Sulloway: »Darwin's conversion ...«, S. 338-45.

30 Ebd., S. 334 f. Eigene Übersetzung, J.V.

31 Ebd., S. 351; Darwins Hervorhebung, eigene Übersetzung, J.V.

32 Robert FitzRoy: »Narrative of the surveying voyages FitzRoy of His Majesty's Ships Adventure and Beagle between the years 1826 and 1836, describing their examination of the southern shores of South America, and the Beagle's circumnavigation of the globe. Proceedings of the second expedition, 1831-36, under the command of Captain Robert Fitz-Roy, R.N.«, London 1839, S. 56. Eigene Übersetzung, J.V.

33 Albert E. Gunther: »A century of zoology at the British Museum through the lives of two keepers, 1815-1914«, London 1976; Carla Yanni: »Nature's museums. Victorian science and the architecture of display«, London 1999.

34 Paul Grinke: »From Wunderkammer to museum«, überarb. und erw. Aufl., London 1996.

35 Zitiert nach Isabella Tree: »The ruling passion of John Gould. A biography of the bird man«, London 1991, S. 13 f. Eigene Übersetzung, J.V.

36 Gordon McOuat: »Species, rules and meaning. The politics of language and the ends of definitions in nineteenth-century natural history«, in: Studies in the History and Philosophy of Science, Jg. 27, Nr. 4, 1996, S. 473-519; ders.: »Cataloguing power: Delineating ›competent naturalists‹ and the meaning of species in the British Museum«, in: The British Journal for the History of Science Nr. 34, 2001, S. 1-28.

37 Sandra Herbert (Hg.): »The Red Notebook of Charles Darwin«, in: Bulletin of the British Museum (Natural History), Historical Series 7, 1980, S. 1-164, Zitat S. 9. Eigene Übersetzung, J. V.

38 Niles Eldrede: »Darwin. Discovering the tree of life«, New York 2005, S. 65f.

39 Sulloway: »Darwin's Conversion ...«, S. 357.

40 Ernst Mayr: »Das ist Evolution«, München 2003, S. 204.

41 John van Wyhe: »Mind the gap: Did Darwin avoid publishing his theory for many years?«, in: Notes and Records of the Royal Society, Jg. 61, 2007, S. 177-205.

42 Rebecca Stott: »Darwin and the barnacle. The story of one tiny creature and history's most spectacular scientific breakthrough«, London 2003.

43 Zitiert nach Browne: »Darwin ...«, S. 42. Eigene Übersetzung, J.V.

44 Die Theorie, Darwin habe von Wallace abgeschrieben, geht zurück auf Arnold C. Brackmann: »A delicate arrangement. The strange case of Charles Darwin and Alfred Russel Wallace«, New York 1980. Zu Wallaces Brief und den Folgen Michael Shermer: »In Darwin's shadow. The life and science of Alfred Russel Wallace. A biographical study on the psychology of history«, Oxford 2002, S. 88f.

45 Zitiert nach Secord: »Victorian Sensation ...«, S. 332. Eigene Übersetzung, J.V.

46 Alfred Russel Wallace: »Über das Gesetz, welches die Einführung neuer Arten reguliert hat«, in: ders.: Beiträge zur Theorie der natürlichen Zuchtwahl. Eine Reihe von Essais. Autorisirte deutsche Ausgabe übersetzt von Adolf Bernhard Meyer, Erlangen 1870 [1855], S. 1-19.

47 Alfred Russel Wallace: »Attempts at a natural arrangement of birds«, in: Annals and Magazine of Natural History, 2nd ser., Jg. 18, 1856, S. 193-216. Eigene Übersetzung, J.V.

48 Ebd., S. 206. Eigene Übersetzung, J.V.

49 Alfred Russel Wallace: »Über die Tendenz der Varietäten unbegrenzt von dem Originaltypus abzuweichen«, in: ders.: Beiträge zur Theorie der natürlichen Zuchtwahl. Eine Reihe von Essais. Autorisirte deutsche Ausgabe übersetzt von Adolf Bernhard Meyer, Erlangen 1870 [1858], S. 30-50, Zitat S. 31.

50 Zitiert nach Shermer: »In Darwin's Shadow ...«, S. 89. Eigene Übersetzung, J.V.

51 Wallace: »Über das Gesetz ...«, S. 9. Darwins Randnotiz nach Shermer: »In Darwin's Shadow ...«, S. 89f.

52 W. B. Northrop: »Interview with Alfred Russel Wallace«, in: The Outlook, Nr. 105, 1913, S. 618-622, Zitat S. 622. Eigene Übersetzung, J.V.

53 Thomas Junker und Uwe Hoßfeld: »Die Entdeckung der Evolution. Eine revolutionäre Theorie und ihre Geschichte«, Darmstadt 2001, 154f.

54 Ernst Mayr: »Das ist Evolution«, München 2003, S. 114.

55 James A. Secord: »Nature's fancy. Charles Darwin and the breeding of pidgeons«, in: Isis, Jg. 72, Nr. 2, 1981, S. 163-86; ders.: »Darwin and the breeders. A social history«, in: David Kohn (Hg.), The Darwinian Heritage, Princeton 1985, S. 519-542.

56 Howard Gruber und Paul H. Barrett: »Darwin on man. A psychological study of scientific creativity«, by Howard E. Gruber; together with Darwin's early and unpublished notebooks transcribed and annotated by Paul H. Barret. Vorwort von Jean Piaget, London 1974, S. 163 f.; Eve-Marie Engels: »Charles Darwin«, München 2007, S. 111-114.

57 Herbert Spencer: »Die Prinzipien der Biologie«, nach der zweiten engl. Auflage übersetzt von B. Vetter, 1. Bd., Stuttgart 1876.

58 Wilhelm Preyer: »Briefe von Darwin. Mit Erinnerungen und Erläuterungen«, in: Deutsche Rundschau, Jg. 67, Bd. 9, 1891, S. 356-390, S. 362.

59 Janet Browne: »Charles Darwin. The power of place«, New York 2002, S. 349. Eigene Übersetzung, J.V.

60 George Douglas Campbell Duke of Argyll: »The reign of law«, London 1867, S. 247f. Eigene Übersetzung, J.V.

61 Cord Riechelmann, »Bestiarium. Der Zoo als Welt – die Welt als Zoo«, Frankfurt/M. 2003, S. 24-26.

62 Londa Schiebinger: »The philosopher's beard. Women and gender in science«, in: Roy Porter (Hg.), Science in the eighteenth century, Bd.

4 der Cambridge History of Science, Cambridge 2003, S. 184-210. Zu Clarke S. 200.
63 Browne: »Charles Darwin ...«, S. 133.
64 Anonymus: »Natürliche Geschichte der Schöpfung des Weltalls, der Erde und der auf ihr befindlichen Organismen«, aus dem Englischen nach der sechsten Auflage von Carl Vogt, Braunschweig 1851.
65 Andreas Daum: Wissenschaftspopularisierung im 19. Jahrhundert. Bürgerliche Kultur, naturwissenschaftliche Bildung und die deutsche Öffentlichkeit 1848-1914, München 1998, S. 70.
66 Joy Harvey: »Charles Darwin's ›Selective Strategies‹: Die französische versus die englische Reaktion«, in: Eve-Marie Engels (Hg.), Die Rezeption von Evolutionstheorien im 19. Jahrhundert, Frankfurt/M. 1995, S. 225-261, insbesondere S. 231f.
67 Browne: »Charles Darwin ...«, S. 143. Eigene Übersetzung, J.V.
68 Daniel B. Todes: »Darwins malthusische Metapher und russische Evolutionsvorstellungen«, in: Engels, Die Rezeption ..., S. 281-309, Zitat S. 285.
69 Ebd., S. 292.
70 Ebd., S. 295.
71 Ebd., S. 296.
72 William Paley: Paley's natürliche Theologie mit Bemerkungen und Zusätzen von Lord Brougham und Sir Charles Bell, Professor zu Edinburgh, in deutscher Bearbeitung herausgegeben von Dr. H. Hauff, Stuttgart 1837, S. 3.
73 François Jacob: »Evolution and Tinkering«, in: Science, Jg. 196, Bd. 4295, S. 1161-1166.
74 Francis Darwin (Hg.): »The life and letters of Charles Darwin. Including an autobiographical chapter«, Vorwort von George Gaylord Simpson, 2 Bde., New York 1959. Zitat Bd. II, S. 359. Eigene Übersetzung, J.V.
75 Browne: »Charles Darwin ...«, S. 251. Eigene Übersetzung, J.V.
76 Ebd., S. 490. Eigene Übersetzung, J.V.
77 Zitiert nach Frans de Waal: »Der Affe in uns. Warum wir sind, wie wir sind«, München 2006, S. 233.
78 Hilda Kean: »Animal rights: Political and social change in Britain since 1800«, London 1998.
79 Browne: »Charles Darwin ...«, S. 361.

80 Zitiert nach William Blunt: The ark in the park. The zoo in the nineteenth century, London 1976, S. 142f. Eigene Übersetzung J.V.
81 Friedrich Nietzsche: »Ueber Wahrheit und Lüge im aussermoralischen Sinne [1873]«, in: Sämtliche Werke, Kritische Studienausgabe, hrsg. von G. Colli und M. Montinari, München/Berlin/New York 1980, Bd. 1, S. 873-890, Zitat S. 874.
82 Frans de Waal: Der Affe und der Sushimeister. Das kulturelle Leben der Tiere, München 2005, S. 300.
83 Johann Caspar Lavater: Physiognomische Fragmente zur Beförderung der Menschenkenntnis und Menschenliebe, Faksimile-Ausgabe, Bd. 2, Leipzig 1968 [1776], S. 154f.
84 Alfred H. Palmer: The life of Joseph Wolf. Animal painter, London 1895, S. 193f.
85 John Hedley Brooke: »Darwin and victorian christianity«, in: Jonathan Hodge/Gregory Radick (Hg.): The Cambridge Companion to Darwin, Cambridge 2003, S. 192-213.
86 Janet Browne: Charles Darwin. Voyaging, New York 1995, S. 322-4.
87 James Secord: Victorian sensation. The extraordinary publication, reception, and secret authorship of ›Vestiges of the natural history of creation‹, Chicago 2000, S. 227-9.
88 William Paley: Natural theology; or evidences of the existence and attributes of the deity, London 1802, S. 49. Zitiert nach Michael Ruse: Darwin and design. Does evolution have a purpose?, New York 2003, S. 43f. Eigene Übersetzung, J.V.
89 Zitiert nach Nick Hazlewood: Der Mann, der für einen Knopf verkauft wurde. Die unglaubliche Geschichte des Jemmy Button, Berlin 2003, S. 43.
90 Dolf Sternberger: Panorama oder Ansichten vom 19. Jahrhundert, Frankfurt/M. 1981 (1938), S. 156.
91 Zitiert nach Marianne Sommer: Bones and ochre. The curious afterlife of the red lady of Paviland, Oxford 2007, S. 179. Eigene Übersetzung, J.V.
92 George Reid Andrews: Afro-Latin America, 1800-2000, Oxford 2004.
93 Marcus Wood: Blind memory. Visual representations of slavery in memory. England and America 1780-1865, Manchester 2000.
94 Jared Diamond: Arm und Reich: Die Schicksale menschlicher Gesellschaften, Frankfurt/M. 1996.

95 Eric D. Anderson: »Black responses to darwinism, 1859-1915«, in: Ronald L. Numbers (Hg.): Disseminating darwinism. The role of place, race, religion, and gender. Cambridge 1999, S. 247-293.
96 Michael Hampe: Eine kleine Geschichte des Naturgesetzbegriffs, Frankfurt/M. 2007; Lorraine Daston/Fernando Vidal (Hg.): The Moral Authority of Nature, Chicago 2004.
97 Friedrich Engels an Pjotr Lawrowitsch Lawrow, 12.-17. November 1875, in: Karl Marx und Friedrich Engels, Werke, Bd. 34, Berlin 1966, S. 170.
98 Ernst Mayr: This is biology. The science of the living world. Cambridge/Mass. 1997, S. 9.
99 Stephen Jay Gould: »Agassiz auf den Galápagos«, in: ders.: Wie das Zebra zu den Streifen kam, S. 105-117, Zitat S. 116.
100 Richard Dawkins: Das egoistische Gen. Mit einem Vorwort von Wolfgang Wickler, Heidelberg 2007 [1976], S. 64.
101 Ebd., S. 103.
102 Ebd., S. 133.
103 Ebd., S. 186.
104 Stephen Jay Gould: »Caring groups and selfish genes«, in: ders.: The panda's thumb. More reflections in natural history, New York/London 1980, S. 85-92; ders.: »Kropotkin was no crackpot«, Natural History, Jg. 106, Nr. 6, S. 12-21.
105 Frans de Waal: Der Affe und der Sushimeister. Das kulturelle Leben der Tiere, München 2005, S. 295.
106 Frans de Waal/Peter L. Tyack (Hg.): Animal social complexity: Intelligence, culture, and individualized societies, Cambridge/Mass. 2003.
107 Kristian Köchy: Biophilosophie zur Einführung, Hamburg 2008, S. 173-191.

Abbildungsnachweis

Die Abbildungen 2, 3, 10 (DAR 84.91) und 11 (DAR 53.1) werden mit freundlicher Erlaubnis des Syndikats der Cambridge University Library verwendet.

Siglenverzeichnis

AE	Der Ausdruck der Gemüthsbewegungen bei dem Meschen und den Thieren. In: Gesammelte Werke. Aus dem Englischen übersetzt von J. Victor Carus, 3., sorgfältig durchgesehene Aufl., Bd. VII, Stuttgart 1877.
AM^6 I, II	Die Abstammung des Menschen und die geschlechtliche Zuchtwahl. In: Gesammelte Werke. Aus dem Englischen übersetzt von J. Victor Carus, 3., gänzlich umgearbeitete Aufl., Bd. V u. VI, Stuttgart 1875.
BLK	Die Bewegungen und Lebensweise der kletternden Pflanzen. In: Gesammelte Werke. Aus dem Englischen übersetzt von J. Victor Carus, Bd. IX, Stuttgart 1876.
Corr	The Correspondence of Charles Darwin, Bde. 1-16 (1821-1868), hrsg. von Frederick H. Burkhardt, Sydney Smith et al., Cambridge 1983-2008. (Alle Übersetzungen im Text J.V.)
EA^1	Über die Entstehung der Arten durch natürliche Zuchtwahl oder die Erhaltung der vervollkommneten Rassen im Kampfe um's Daseyn. Aus dem Englischen übersetzt von Heinrich G. Bronn, Stuttgart 1860.
EA^6	Über die Entstehung der Arten durch natürliche Zuchtwahl oder die Erhaltung der begünstigten Rassen im Kampfe um's Dasein. In: Gesammelte Werke. Aus dem Englischen übersetzt von H. G. Bronn. Nach der 6. englischen Aufl. wiederholt durchgesehen und berichtigt von J. Victor Carus, Bd. II, Stuttgart 1876.
FB	Die Fahrt der Beagle: Tagebuch mit Erforschungen der Naturgeschichte und Geologie der Länder, die auf der Fahrt von HMS Beagle unter dem Komando von Kapitän Robert Fitzroy, RN, besucht wurden. Nach der zweiten Auflage aus dem Englischen übersetzt von Eike Schönfeld, mit einer Einleitung von Daniel Kehlmann, Hamburg 2006.

Mar	Charles Darwin's Marginalia, hrsg. von Mario Di Gregorio und Nick Gill, Bd. 1, New York 1990. (Alle Übersetzungen im Text J.V.)
MC	A Monograph on the Sub-Class Cirripedia, with Figures of All The Species, The Lepadidae, or, Pedunculated Cirripedes, London 1851. (Alle Übersetzungen im Text J.V.)
ML	Mein Leben, 1809-1882, hrsg. von Darwin Enkelin Nora Barlow, mit einem Vorwort von Ernst Mayr. Aus dem Englischen von Christa Krüger, 2. Aufl. Frankfurt/M. 1993.
Notebook A-L	Charles Darwin's Notebooks, 1836-1844, Geology, Transmutation of Species, Metaphysical Inquiries, hrsg. von Paul H. Barrett, P.J. Gautrey, S. Herbert, D. Kohn und S. Smith, London 1987.
Notebook M/N	Sind Affen Rechtshänder? Notizhefte M und N und die »Biographische Skizze eines Kindes«. Erstmals aus dem Englischen übersetzt und herausgegeben von Henning Ritter, Berlin 1998.
OS^1	On The Origin of Species by Means of Natural Selection, Or The Preservation of Favoured Races In The Struggle of Life, London 1859.
OS^5	On The Origin of Species by Means of Natural Selection, Or The Preservation of Favoured Races In The Struggle of Life, fifth edition, London 1869.
OS^6	On The Origin of Species by Means of Natural Selection, Or The Preservation of Favoured Races In The Struggle of Life, sixth edition, London 1872.
TW	Die Bildung der Ackererde durch die Tätigkeit der Würmer mit Beoachtung über deren Lebensweise, aus dem Englischen übersetzt von J. Victor Carus, Stuttgart 1882.
VEO	Die verschiedenen Einrichtungen durch welche Orchideen von Insecten befruchtet werden. In: Gesammelte Werke. Aus dem Englischen übersetzt von J. Victor Carus, Bd. IX, Stuttgart 1877.
VTP	Das Variiren der Tiere und Pflanzen im Zustande der Domestikation. In: Gesammelte Werke. Aus dem Englischen übersetzt von J. Victor Carus, 3., nach der 2. englischen berichtigten Aufl., Bd. III u. IV, Stuttgart 1878.

Weiterführende Literatur

Alter, Stephen G.: Darwinism and the linguistic image. Language, race, and natural theology in the nineteenth century, Baltimore 1999.

Baumunk, Michael/Rieß, Jürgen (Hg.): Darwin und Darwinismus. Eine Ausstellung zur Kultur- und Naturgeschichte (Ausst.-Kat.), Berlin 1994.

Bayertz, Kurt/Myriam Gerhard/Walter Jaeschke: Weltanschauung, Philosophie und Naturwissenschaft im 19. Jahrhundert, Bd. 2, Der Darwinismus-Streit, Hamburg 2007.

Beer, Gillian: Darwin's Plots. Evolutionary narrative in Darwin, George Eliot and nineteenth-century fiction. Second edition, Cambridge 2000.

Bowler, Peter J.: Evolution. The history of an idea. Third edition. Berkeley, CA 2003.

Ders: Monkey trials and gorilla sermons. Evolution and christianity from Darwin to intelligent design, Cambridge, Mass. 1997.

Browne, Janet: Charles Darwin Voyaging, Princeton, N.J. 1996.

Dies.: Charles Darwin. The power of place, New York 2002.

Dawson, Gowan: Darwin, literature and victorian respectability, Cambridge 2007.

Ellegard, Alvar: Darwin and the general reader: The reception of Darwin's theory of evolution in the British periodical press, 1859-1872. With a new foreword by D.L. Hull, Chicago 1990.

Engels, Eve-Marie (Hg.): Die Rezeption der Evolutionstheorien im 19. Jahrhundert, Frankfurt/M. 1995.

Dies.: Charles Darwin, München 2007.

Fischer, Ernst Peter/Klaus Wiegandt (Hg.): Evolution. Geschichte und Zukunft des Lebens, Frankfurt/M. 2003.

Glick, Thomas F. (Hg.): The comparative reception of darwinism. Reprinted with a new preface, Chicago 1998.

Gould, Stephen Jay: Wie das Zebra zu seinen Streifen kam, Basel 1986.

Hodge, Jonathan/Gregory Radick: The Cambridge companion to Darwin, Cambridge 2003.

Herbert, Sandra: Charles Darwin: Geologist, New York 2005.

Junker, Thomas/Uwe Hoßfeld: Die Entdeckung der Evolution. Eine revolutionäre Theorie und ihre Geschichte, Darmstadt 2001.

Keynes, Richard: Fossils, finches and fuegians. Charles Darwin's adventures and discoveries on the ›Beagle‹, 1832-1846, London 2002.

Kohn, David (Hg.): The Darwinian heritage, Princeton, N. J. 1985.

Ders.: Darwin's garden: An evolutionary adventure, New York 2008.

Lefèvre, Wolfgang: Die Entstehung der biologischen Evolutionstheorie, Frankfurt/M. 2008.

Mayr, Ernst: What makes biology unique? Considerations on the autonomy of a scientific discipline, Cambridge 2005.

Mayr, Ernst: Das ist Evolution. Mit einem Vorwort von Jared Diamond, 2005.

Menninghaus, Winfried: Das Versprechen der Schönheit, Frankfurt/M. 2003.

Numbers, Ronald L. (Hg.): Disseminating darwinism: The role of place, race, religion, and gender, Cambridge 1999.

Ospovat, Dov: The development of Darwin's theory: Natural history, natural theology, and natural selection, 1838-1859, Cambridge, Mass. 1981.

Raby, Peter: Alfred Russel Wallace. A life, London 2001.

Richards, Robert J.: The meaning of evolution. The morphological construction and ideological resconstruction of Darwin's theory, Chicago 1992.

Ders.: The tragic sense of life: Ernst Haeckel and the struggle over evolutionary thought, Chicago 2008.

Ruse, Michael: The darwinian revolution: Science red in tooth and claw, Chicago 1979.

Ders.: Darwin and design. Does evolution have a purpose?, Cambridge, Mass. 2003.

Secord, James: Victorian sensation. The extraordinary ublication, reception, and secret authorship of ›Vestiges of the Natural History of Creation‹, Chicago 2000.

Shermer, Michael: In Darwin's shadow: The life and science of Alfred Russel Wallace. A biographical study on the psychology of history, Oxford 2002.

Sprengel, Peter: Darwin in der Poesie. Spuren der Evolutionstheorie in der deutschsprachigen Literatur des 19. und 20. Jahrhunderts, Würzburg 1998.

Steinheimer, Frank: »Charles Darwin's bird collection and ornithological knowledge during the voyage of H.M.S. ›Beagle‹, 1831-1836«, in: Journal of Ornithology, Bd. 145, Nr. 4, S. 300-320; appendix S. 1-40.

Sternberger, Dolf: Panorama oder Ansichten vom 19. Jahrhundert, Frankfurt/M. 1981 [1938].

Stott, Rebecca: Darwin and the barnacle. The story of one tiny creature and history's most spectacular scientific breakthrough, London 2003.

Sulloway, Frank: »Darwin and his finches. The evolution of a legend«, in: Journal of the History of Biology, Jg. 15, Nr. 1, 1982, S. 1-53.

Ders.: »Darwin's conversion: the Beagle voyage and its aftermath«, in: Journal of the History of Biology, Jg. 15, Nr. 3, 1982, S. 325-96.

Ders.: »The Beagle collections of Darwin's finches (Geospizinae)«, in: Bulletin of the British Museum (Natural History), Zoology Series, Jg. 43, Nr. 2, S. 49-94.

Voss, Julia: Darwins Bilder. Ansichten der Evolutionstheorie 1837-1874, Frankfurt/M. 2007.

Zeittafel

1809	Charles Robert Darwin wird am 12. Februar in Shrewsbury als Sohn des Arztes Robert Waring Darwin und Susannah Darwin geboren. Er ist das fünfte von sechs Kindern.
1817	Tod der Mutter am 15. Juli
1825-1827	Studium der Medizin an der Universität Edinburgh in Schottland
1828-1831	Studium der Theologie an der Universität Cambridge. Darwin schließt sein Studium mit dem BA ab und erhält die Einladung zur Teilnahme an der Weltumseglung auf der H.M.S. Beagle.
1831-1836	Ausfahrt der H.M.S. Beagle am 27. Dezember von Devonport unter Kapitän FitzRoys Kommandatur; Reise über Südamerika, Tahiti, Neuseeland, Australien, Mauritius, Kapstadt, Brasilien zurück nach England, Ankunft am 2. Oktober 1836
1837	Umzug nach London, erste Aufzeichnungen im Juli zum Artenwandel
1838-1841	Sektretär der Geological Society in London
1839	Heirat mit Emma Wedgwood am 29. Januar, Geburt von William Erasmus, das erste von insgesamt zehn Kindern, drei davon sterben noch vor 1851. Der Reisebericht *Journal and Remarks* erscheint, weitere dreizehn Veröffentlichungen folgen bis 1859.
1842	Umzug nach Downe in der Grafschaft Kent, erstes, 35-seitiges Manuskript zur Evolutionstheorie
1844	zweites, 230-seitiges Manuskript zur Evolutionstheorie
1845	zweite Auflage des Reiseberichts *Journal of Researches*
1851	Tochter Anne Elizabeth stirbt im Alter von zehn Jahren am 23. April.
1853	Medaille der Royal Society

1858	Verlesung von Alfred Russel Wallaces und Darwins Evolutionstheorie am 1. Juli vor der Linnean Society
1859	*Origin of Species* erscheint am 24. November, weitere siebzehn Bücher folgen bis 1882.
1864	Copley-Medaille der Royal Society
1868	*The Variation of Animals and Plants under Domestication* erscheint.
1871	*Descent of Man* erscheint.
1872	*Expression of the Emotions in Man and Animals* erscheint.
1881	*The Formation of Vegetable Moulds, Through the Actions of Worms* erscheint.
1882	Darwin stirbt am 19. April und wird in der Londoner Westminster Abbey neben Isaac Newton begraben.

Julia Voss ist Redakteurin im Feuilleton der Frankfurter Allgemeinen Zeitung. Sie studierte Germanistik, Kunstgeschichte und Philosophie in Freiburg im Breisgau, London und Berlin; als Stipendiatin am Berliner Max-Planck-Institut für Wissenschaftsgeschichte schrieb sie ihre Doktorarbeit über die Buchillustrationen von Charles Darwin. »Darwins Bilder. Ansichten der Evolutionstheorie 1837 bis 1874« erschien 2007 als Taschenbuch im S. Fischer Verlag. Die Arbeit wurde mit der Otto-Hahn-Medaille der Max-Planck-Gesellschaft und dem Förderpreis der Deutschen Gesellschaft für Geschichte der Medizin, Naturwissenschaft und Technik ausgezeichnet.

In der Reihe »Zur Einführung« im Junius Verlag bisher erschienen:

Theodor W. Adorno
von Gerhard Schweppenhäuser

Giorgio Agamben
von Eva Geulen

Hans Albert
von Eric Hilgendorf

Karl-Otto Apel
von Walter Reese-Schäfer

Hannah Arendt
von Karl-Heinz Breier

Aristoteles
von Christof Rapp

Augustinus
von Johann Kreuzer

Roland Barthes
von Gabriele Röttger-Denker

Georges Bataille
von Peter Wiechens

Jean Baudrillard
von Falko Blask

Walter Benjamin
von Sven Kramer

Henri Bergson
von Gilles Deleuze

Hans Blumenberg
von Franz Josef Wetz

Pierre Bourdieu
von Markus Schwingel

Judith Butler
von Hannelore Bublitz

Ernst Cassirer
von Heinz Paetzold

E.M. Cioran
von Richard Reschika

Auguste Comte
von Gerhard Wagner

Charles Darwin
von Julia Voss

Gilles Deleuze
von Michaela Ott

Jacques Derrida
von Heinz Kimmerle

René Descartes
von Peter Prechtl

John Dewey
von Martin Suhr

Wilhelm Dilthey
von Matthias Jung

Mircea Eliade
von Richard Reschika

Norbert Elias
von Ralf Baumgart/Volker Eichener

Epikur
von Carl-Friedrich Geyer

Amitai Etzioni
von Walter Reese-Schäfer

Paul K. Feyerabend
von Eberhard Döring

Johann Gottlieb Fichte
von Helmut Seidel

Michel Foucault
von Philipp Sarasin

Gottlob Frege
von Markus S. Stepanians

Sigmund Freud
von Hans-Martin Lohmann

Hans-Georg Gadamer
von Udo Tietz

Arnold Gehlen
von Christian Thies

Jürgen Habermas
von Detlef Horster

Nicolai Hartmann
von Martin Morgenstern

Friedrich August von Hayek
von Hans Jörg Hennecke

Georg Wilhelm Friedrich Hegel
von Herbert Schnädelbach

Martin Heidegger
von Günter Figal

Johann Gottfried Herder
von Jens Heise

Thomas Hobbes
von Wolfgang Kersting

Max Horkheimer
von Rolf Wiggershaus

David Hume
von Heiner F. Klemme

Edmund Husserl
von Peter Prechtl

Karl Jaspers
von Werner Schüßler

C.G. Jung
von Micha Brumlik

Immanuel Kant
von Jean Grondin

Sören Kierkegaard
von Konrad Paul Liessmann

Friedrich Kittler
von Geoffrey Winthrop-Young

Heinz Kohut
von Ralph J. Butzer

Konfuzius
von Xuewu Gu

Jacques Lacan
von Gerda Pagel

Gottfried Wilhelm Leibniz
von Hans Poser

Emmanuel Lévinas
von Bernhard H.F. Taureck

Claude Lévi-Strauss
von Thomas Reinhardt

John Locke
von Walter Euchner

Niklas Luhmann
von Walter Reese-Schäfer

Jean-François Lyotard
von Walter Reese-Schäfer

Niccolò Machiavelli
von Quentin Skinner

Karl Marx
von Rolf Peter Sieferle

Maurice Merleau-Ponty
von Christian Bermes

Michel de Montaigne
von Peter Burke

Thomas Morus
von Dietmar Herz

Friedrich Nietzsche
von Wiebrecht Ries

Charles Sanders Peirce
von Helmut Pape

Jean Piaget
von Ingrid Scharlau

Platon
von Barbara Zehnpfennig

Helmuth Plessner
von Kai Haucke

Willard Orman Quine
von Geert Keil

John Rawls
von Wolfgang Kersting

Paul Ricœur
von Jens Mattern

Richard Rorty
von Walter Reese-Schäfer

Jean-Jacques Rousseau
von Günther Mensching

Jean-Paul Sartre
von Martin Suhr

Max Scheler
von Angelika Sander

Friedrich W.J. Schelling
von Franz Josef Wetz

Carl Schmitt
von Reinhard Mehring

Arthur Schopenhauer
von Volker Spierling

Sokrates
von Christoph Kniest

Adam Smith
von Michael S. Aßländer

Baruch de Spinoza
von Helmut Seidel

Leo Strauss
von Clemens Kauffmann

Charles Taylor
von Ingeborg Breuer

Thomas von Aquin
von Rolf Schönberger

Paul Tillich
von Gerhard Wehr

Alexis de Tocqueville
von Michael Hereth

Michael Walzer
von Skadi Krause/Karsten Malowitz

Max Weber
von Volker Heins

Alfred North Whitehead
von Michael Hauskeller

Ludwig Wittgenstein
von Richard Raatzsch

Slavoj Zizek
von Rex Butler

Analytische Philosophie
von Albert Newen

Angewandte Ethik
von Urs Thurnherr

Antike politische Philosophie
von Walter Reese-Schäfer

Antike und moderne Skepsis
von Markus Gabriel

Argumentationstheorie
von Josef Kopperschmidt

Ästhetik
von Stefan Majetschak

Biophilosophie
von Kristian Köchy

Biopolitik
von Thomas Lemke

Computerphilosophie
von Klaus Mainzer

Erkenntnistheorie
von Herbert Schnädelbach

Die europäischen Moralisten
von Robert Zimmer

Feministische Theorien
von R. Becker-Schmidt/G.-A. Knapp

Filmtheorie
von Th. Elsaesser/M. Hagener

Geschichtsphilosophie
von Johannes Rohbeck

Grundbegriffe der Ethik
von Gerhard Schweppenhäuser

Hermeneutik
von Matthias Jung

Historische Anthropologie
von Jakob Tanner

Historische Epistemologie
von Hans-Jörg Rheinberger

Kulturphilosophie
von Ralf Konersmann

Kulturwissenschaftliche Gedächtnistheorien
von Nicolas Pethes

Medientheorien
von Dieter Mersch

Moralbegründungen
von Konrad Ott

Phänomenologie
von Ferdinand Fellmann

Philosophie der Menschenrechte
von Ch. Menke/A. Pollmann

Technikphilosophie
von Alfred Nordmann

Tierphilosophie
von Markus Wild

Wissenschaftstheorie
von Martin Carrier